山东省自然科学基金：矿山粉尘个体防护仿生微纳米纤维材料的滤尘-透湿机理研究（项目编号：ZR2021QE076）

嵌布式零价铁多孔吸附反应材料的制备及在废水中的应用

王勇梅　杨德旺　周　刚　苏　锋　周宇航　著

东南大学出版社
SOUTHEAST UNIVERSITY PRESS
·南京·

图书在版编目(CIP)数据

嵌布式零价铁多孔吸附反应材料的制备及在废水中的
应用 / 王勇梅等著. —南京：东南大学出版社，
2023.12

ISBN 978-7-5766-1065-9

Ⅰ.①嵌⋯ Ⅱ.①王⋯ Ⅲ.①多孔性材料－吸附－应
用－废水处理 Ⅳ.①X703

中国国家版本馆 CIP 数据核字(2023)第 246660 号

责任编辑：贺玮玮 责任校对：韩小亮 封面设计：毕真 责任印制：周荣虎

嵌布式零价铁多孔吸附反应材料的制备及在废水中的应用

Qianbushi Lingjia Tie Duo Kong Xifu Fanying Cailiao de Zhibei ji Zai Feishui Zhong de Yingyong

著　　者：王勇梅　杨德旺　周　刚　苏　锋　周宇航

出版发行：东南大学出版社

出 版 人：白云飞

社　　址：南京四牌楼 2 号　邮编：210096

网　　址：http://www.seupress.com

经　　销：全国各地新华书店

印　　刷：广东虎彩云印刷有限公司

开　　本：787 mm×1 092 mm　1/16

印　　张：6.25

字　　数：120 千字

版　　次：2023 年 12 月第 1 版

印　　次：2023 年 12 月第 1 次印刷

书　　号：ISBN 978-7-5766-1065-9

定　　价：35.00 元

本社图书若有印装质量问题,请直接与营销部联系。电话(传真)：025-83791830。

前　言

PREFACE

　　随着钢铁行业的快速发展,铁矿石尾矿大量堆积,已成为工业固体废弃物的重要组成部分。据不完全统计,目前我国尾矿累计生产量已超600亿 t,其中铁尾矿约占全部尾矿堆存量的30%。铁矿石尾矿的大量堆积,不仅占用土地,造成各种资源的严重浪费,而且给人类的生活环境带来严重的污染和破坏,近一步引发生态失衡等一系列问题,因而已受到了社会的广泛关注。同时,由于对矿产资源过量的开采和利用已造成现阶段矿产资源的日益贫乏,因而尾矿的二次利用已受到了世界各国的广泛关注[1]。目前,我国尾矿的综合利用率不足10%,利用水平远远低于国际平均利用水平[2-3]。从我国矿产资源综合利用的现状出发,大力开展尾矿资源的综合利用,实现矿产资源的节约,提高资源的初次及二次利用的效率,有着非常重要的经济意义和社会意义。

　　印染废水中不仅含有大量难生物降解的有机污染物质,而且含有大量难降解的重金属污染物质,对人类的健康、生存及发展构成严重的威胁,已经引起了全世界的广泛关注。水体中的染料对人体具有致癌、致畸和致突变等效应,重金属难降解且易被水体微生物吸收转化。因此,开展对水体中染料和重金属的有效降解方法的研究是国际水污染治理领域中的重要课题。目前,在应用纳米零价铁技术去除水体中的有机污染物质和重金属领域,已开展了很多研究,并取得了良好的应用效果。然而纳米零价铁在实际应用过程中存在易团聚、易氧化且表面疏水性能差等缺点,从而大大限制了其优势的发挥。针对纳米零价铁的这些缺陷,大量研究学者采用不同的材料作为纳米零价铁附着的载体来固定纳米零价铁,并取得了一定的成效。

　　粉煤灰是燃煤电厂排出的固体废弃物,具有疏松多孔的结构。大量的粉煤灰废弃物随意堆积,不仅会占用农田耕地,而且因雨水冲刷作用,粉煤灰的灰浆会污染江河湖泊,阻塞河道甚至污染地下水,严重破坏生态环境。粉煤灰结构疏松多孔,比表面积大,具有较强的物理和化学吸附能力。现阶段,越来越多的研究将粉煤灰作为吸附材料应用于水处理过程中。然而粉煤灰对水体中污染物的吸附降解能力有限,且其机械强度较低,若直接投放到水体中会引起水体的浑浊堵塞等问题,从而限制了粉煤灰在水质净化中的应用范围。

针对上述问题,本书中研究选用铁矿石尾矿为铁源,棕榈壳为还原剂,粉煤灰作为造孔剂,膨润土作为黏结剂,采用直接还原法经气氛烧结炉烧结制备一种嵌布式零价铁多孔吸附反应材料,此吸附材料具有多孔材料的吸附功能,亦具有零价铁的反应活性。同时探究此吸附材料对多种染料和重金属污染物的吸附净化能力,解析此吸附材料对染料和重金属的吸附机制,为此材料在含重金属染料废水处理中的应用提供重要的依据。

鉴于著者学识有限,书中难免有不妥之处,恳请读者批评指正。

著　者

2023 年 6 月

目　录

Contents

英文缩写说明

简称	英文全称	中文全称
FB-mZVI	fly ash and bentonite-supported zero-valent iron	嵌布式零价铁多孔吸附反应材料
FB	fly ash and bentonite	粉煤灰-膨润土材料
FB-IO	fly ash,bentonite and iron ore tailings	粉煤灰-膨润土-铁矿石尾矿混合材料
GAC	granular active carbon	颗粒状活性炭
CV	crystal violet	龙胆紫
MB	methylene blue	亚甲基蓝
Cr	chromium	铬
Cr(Ⅵ)	chromium(Ⅵ)	六价铬
Cr(Ⅲ)	chromium(Ⅲ)	三价铬
Cr(总)	chromium(total)	总铬
Q_t	adsorption capacity	吸附量
R	removal efficiency	去除率
SEM	scanning electron microscope	扫描电子显微镜
XRD	X-ray diffraction(diffractometer)	X 射线衍射(仪)
XRF	X-ray fluorescence(spectrometer)	X 射线荧光光谱分析(仪)
FTIR	Fourier transform infrared spectrometer	傅里叶变换红外光谱仪

1 综　述

1.1　我国水污染的现状及危害

水体污染对生态系统的健康发展构成了严重的威胁,因而从污染的水体中去除污染物质,使之恢复原生的生态环境尤为重要。染料废水污染是水体污染的重要组成部分。染料废水中存在大量能引起致癌、致畸、致突变的有机污染物质,如偶氮基和苯环基等有机污染物[4]。因而,选择高效的降解染料废水的方法,是现阶段工业污水处理的难点和热点问题,同时也是当前国内外水污染控制研究领域迫切需要解决的一大难题。

染料废水化学成分复杂,不仅存在大量的有机污染物,而且存在大量有害的重金属离子[5]。染料废水具有难处理的特点,一般情况下,难以对染料废水直接进行生化处理。同时,采用常规的处理方法对染料废水进行处理,对其脱色较为困难,且处理后的水质也不稳定[6]。染料废水如果未经过处理,或仅是经过简单的处理后直接排放进入自然水体,将会对水生生态系统构成严重的威胁,进一步影响水体附近居民的生产、生活,甚至会造成重大的环境污染事件[6]。有机芳香染料是从工业中释放的主要污染物之一,会对水体和生物体产生各种有害的影响。由于它们的复杂芳族结构在人体中容易发生诱变和致癌作用,对人体造成严重的危害[7-8]。部分阳离子染料具有毒性,它们不仅污染环境,而且会通过食物链传播至整个食物网,引起生物放大作用[9]。污染水体中的重金属污染物质常常会在水体的底部沉积下来,形成被污染的底泥,进一步被水生植物吸收利用,对水生植物的生长造成严重的污染和危害,从而引起水体的二次污染。

1.1.1　有毒阳离子染料的来源及危害

近年来,由于工业发展规模和人们生活所需的增加,纺织印染行业得到了快速发展,进而引起印染废水的排放量日益增加。研究发现,至 2010 年,我国已经有超过 23 亿 t 的废水是由印染行业产生和排放的[10-11]。印染废水是由多种染料混合成的废水,是工业化批量生产中各阶段各工序产生的废水总和,主要包括染料、无机盐和各类助剂等[12]。我国工业生产的染料年生产量大于全世界染料总产量的30%[13]。仅2010年,我国生产的染料就有75.6万t,达到世界染料总产量的50%以上[14]。

染料生产的原材料有苯系、苯胺和蒽醌类等化合物,可见染料分子结构较为复杂,相对分子质量较大,化学结构相对稳定。染料废水成分复杂,不仅包含各种染料等有机污染物质,还含有重金属等有害物质,因而染料废水具有难氧化、难降解的特点[15]。

染料废水的来源有多种途径,不仅包括纺织、皮革,在造纸等行业同样会产生染料废水[16]。染料进入水体后,由于存在发光或者助色基团,使得受污染水体呈现不同的颜色。受染料污染的水体,不仅影响人的视觉,而且会导致水体的可见度下降,不利于水体中绿色植被的光合作用,进而降低了水体中的溶解氧的含量,影响水生植物的生长,最终破坏整个水生生态系统的健康发展。同时,受染料污染的水体被人体吸收利用后,会引起人体的不适,甚至对人体致癌、致畸和致突变等。其中,龙胆紫(CV)是一种合成的阳离子染料,溶于水体后呈现紫色,是一种芳香杂环化合物,使用最广泛的包括 Basic Violet 3、Gentian Violet 和 Methyl Violet 10B[17]。由于其对棉、羊毛、丝绸、尼龙等纺织品染色效果较好,因而在纺织工业中得到广泛应用,同时在印刷油墨的生产、生物染色剂等领域也有一定的应用[18]。然而,龙胆紫是有毒性的,当其与皮肤接触时,会对皮肤造成一定的刺激;当其被吸入或者摄入体内后,会导致肾脏损伤及严重的视力损伤[19],甚至引起暂时失明,诱发癌症[20-22]。可见,被龙胆紫污染的水体排入自然水体前应进行净化处理,以保护未污染的自然水体。亚甲基蓝(MB)也是一种阳离子染料,具有芳香杂环的结构,溶于水体后呈现蓝色,一般被用作化学指示剂、生物染色剂和染料使用。污染水体中的亚甲基蓝被人体吸收后,容易引起恶心、头痛腹痛、眩晕、心前区疼痛和神志不清等不良反应。

1.1.2　废水中重金属的来源及危害

废水中重金属的来源主要包括工业废弃物的堆放及工业废水未经处理直接排放。水体中重金属具有较高的毒性及较强的迁移活性,是水体物质中较为危险的一类污染物质[23-24]。水体中存在的重金属污染物质难降解,且易被水体微生物吸收转化为毒性更强的金属化合物,可能会对水生环境造成更为严重的危害[25]。因而,为维持水体生态环境的稳定,维护人类的生存发展,研究去除水体中的重金属污染物质的方法变得尤为重要。

（1）对水生动物产生的危害。水体中的重金属污染物质会影响水生动物的生长及代谢，且会对水生动物的生存状况造成严重的危害[26]，例如鱼的性别、身长等都会受到 Mn、Cu、Zn 等金属的影响[27]。同时，水体中的重金属污染物质会对水生动物的基因表达带来影响，甚至会导致基因突变的发生。研究表明，重金属铜等污染物质会影响罗非鱼和鲤鱼的基因表达。

（2）对水生植物产生的危害。水体中的重金属污染物质会对水生植物的生存状况造成严重的危害。水生植物是整个水体生态环境的基础，是整个食物链的生产者，为水生动物提供食物来源，在整个水生生态系统中占有重要的位置[28]。研究表明，水体中的重金属锌会影响羊角月牙藻的蛋白质含量及生长进度。此外，重金属锌和铜对蛋白核小球藻和月形藻的生长过程具有明显的抑制作用[29]。

（3）对人体产生的危害。水体中的重金属主要是通过饮用水或者人类食用的水产品和农产品等途径进入人体。被重金属污染的水体，可通过人类的饮用直接进入人体，而被重金属污染的农产品和水产品中存在的重金属污染物则会通过食物链最终进入人体，并且重金属的污染在整个食物链中会发生生物放大作用。重金属对人体的危害主要是抑制酶的活性，引起细胞质中毒，损坏人类的神经系统，甚至会导致组织中毒，损坏具有解毒功能的肝肾等器官。

1.2　含有重金属印染废水的处理方法及其特点

染料废水成分复杂，不仅含有难降解的有机污染物质，而且含有一些难降解的重金属等污染物质，因而采用常规的生物处理方法很难将其彻底降解[30]。基于印染废水具有难生物降解的特点，目前国内外处理印染废水的方法主要包括物理降解法、化学反应法和物理-化学联合降解法等。本研究将针对化学混凝法、膜分离法和吸附法，总结国内外的研究进展状况。

1.2.1　化学混凝法

化学混凝法是现阶段印染废水处理中最常用的方法之一，主要包括混凝沉淀法及混凝气浮法等。混凝剂的种类是应用化学混凝法处理染料废水最为关键的影响因素，常用的混凝剂主要包括铝盐和铁盐。碱式氯化铝因具备较好的吸附性能，而得到了广泛的应用。而硫酸亚铁能与染料污染物质发生混凝沉淀,且价格低廉,也是市场上应用较为广泛的混凝剂。

化学混凝法流程简单,操作方便,且资金的投入相对较低,同时在一定程度上能够较有效地去除染料废水中的污染物质,因而得到了广泛的认可和应用。然而,在实际的应用过程中发现,化学混凝法在处理染料废水的过程中会产生泥渣,造成二次污染,因而产生额外的处理费用,使得该方法在实际应用中受到了一定的限制。

现阶段,随着技术的改进与提高,大量的混凝剂应运而生。其中有机高分子混凝剂得到迅速发展,在很大程度上已经替代了传统的混凝剂。Panswad 等[31]学者研究出一种高效的有机高分子混凝剂,对染料废水中的疏水染料、亲水染料均有高效的去除效果,对某些染料的脱色率达到 85%。然而,有机高分子混凝剂价格较高,在实际中并没有得到广泛的应用。因而,研发制备具有上述优点且价格低廉的新型有机高分子混凝剂成为未来混凝剂发展的方向。

1.2.2 膜分离法

膜分离技术是通过选用不同的膜材料,实现对废水中的不同污染物组分进行分离、纯化的方法。此方法能够高效分离染料废水中的染料,同时可以实现染料的回收再利用。然而,对于一些小分子的污染物质,膜分离技术往往分离能力较差,此外,膜材料容易造成污染,操作设备投入资金量较大。

中国科学院环境研究所的学者在 1982 年研究采用超滤法去除还原性染料废水[32],发现在一定的反应条件下,这种膜材料对染料废水的去除率超过 95%。1997年,王振余等[33]学者研究采用多空炭膜去除染料废水,结果表明该膜对甲基紫、直接大红、直接翠蓝和蒽醌蓝等染料的去除率超过 95%。Soma 等[34]学者制备出氧化铝微滤膜,研究其对染料废水的净化效果,实验结果表明,此种膜对染料废水具有较高的去除率。然而,基于上述研究发现,由于存在膜污染,随着处理过程的进行,透过膜的渗透量会逐渐降低。

1.2.3 吸附法

吸附法是指选用具有一定吸附能力的材料添加到水处理系统中,当废水流经吸附材料时,废水中的污染物质吸附到材料的表层及内部,从而将污染水体中的污染物质去除的方法。在吸附法中最为关键的因素是吸附材料的选取[30, 35]。现阶段,根据吸附材料的不同,吸附法主要包括粉煤灰吸附法、活性炭吸附法和生物材料吸附法等。

（1）粉煤灰主要来自火力发电厂排放的固体废弃物,其存在大量的孔隙结构,具有较大的比表面积。同时,在粉煤灰的表层存在大量的吸附活性点位,因而使其具有一定的吸附能力。大量的研究中选用粉煤灰作为吸附剂来处理污染的废水[36]。

现阶段选取粉煤灰作为吸附剂处理废水,主要采用以下三种不同的方式:直接利用、将其改性后再利用和将其与其他物质合成后再利用。粉煤灰可以不经处理直接应用到水体的净化中。姜照原等[37]利用粉煤灰净化染料污水,取得了较好的净化效果。Maheshwari 等[38]研究粉煤灰对 Zn^{2+} 污染的废水的处理效果,实验结果表明,粉煤灰可以吸附去除水体中的污染物质。然而,因粉煤灰自身含有一些有害物质,若直接将其作为吸附材料应用于水体净化中,会对待处理水体带来二次污染。同时其吸附容量有限,不能充分发挥其吸附材料的优势。

针对以上问题,对粉煤灰进行表面或者内部改性,可以有效减少粉煤灰自身含有的有害物质,并可大大提高其吸附容量。Woolard 等[39]使用 NaOH 来对粉煤灰进行改性,可以有效提高粉煤灰的比表面积,进而提高其吸附能力。彭荣华等[40]采用硫酸废液浸泡粉煤灰后高温焙烧的方法,一方面可以去除粉煤灰中的有害物质,另一方面还可提高粉煤灰的孔隙率和比表面积。王春峰等[41]选用粉煤灰与沸石合成 NaA 型沸石,经成型后的粉煤灰可有效克服其在处理水体中难分离的缺点。

粉煤灰经成型制备成具有一定抗压强度的吸附材料,不仅可以有效地克服其难分离的不足,而且可以有效提高粉煤灰的吸附能力。因而,对粉煤灰成型的研究成为现阶段研究的热点。王红蕾等[42]研究成型后粉煤灰的吸附量,由于其成型方法破坏了粉煤灰多孔的结构,吸附量并未升高。可见,该研究中的成型方法有待进一步的提高。充分利用粉煤灰多孔的结构,同时将其成型,充分提高粉煤灰的吸附能力,将会大大拓宽粉煤灰在水处理中的应用范围。

（2）活性炭是一种高效的吸附剂,是在水质净化中应用最广泛的吸附材料之一[43-49]。活性炭是由奥斯特雷杰科研究出来的,在 1927 年有效解决了美国和德国自来水厂自来水恶臭事故。接着美国和欧洲逐渐开始选用活性炭来净化水。王爱平[50]研究将活性炭添加到净水装置的填充层中,来实现活性炭对水质的吸附和净化作用。现阶段,活性炭已经成为城市生活污水和工业废水处理及饮用水净化的有效手段之一[51-53]。研究发现,在家用自来水的净化过程中,活性炭可以吸附腥臭的苯酚,同时对净水器的除菌具有一定的作用[54]。然而,活性炭最大的缺点是价格较贵。

（3）生物材料吸附法是选用一定生物质废弃物,通过酸性、碱性或者高温处理等方法来制备廉价的多孔吸附材料,研究这些吸附材料对水体中污染物质的吸附去除效果[55]。一些植物废弃物经干燥处理后,能够有效吸附污染水体中的污染物质。研究发现,选用稻壳、麦秆、野草、花生壳、棕榈壳等生物废弃物,采用一定的方法处理后制备的多孔吸附材料可以有效吸附去除染料废水中的有害物质[56-57]。水葫芦根、绿藻级菌类等经干燥后,可以高效吸附去除染料废水中的污染物质,主要是由于此类生物质含有的酶可以有效地促进染料的分解及吸附。简宁[58]学者选用生物质竹炭来去除水体中的铜,实验结果表明,竹炭可以高效吸附降解水体中的污染物质铜,这主要是由于竹炭具有较高的孔隙度和较大的比表面积。

1.3 零价铁多孔材料的研究现状

现阶段,零价铁材料在水处理中得到了广泛的应用,且取得了较好的水体处理效果。前人大量的研究发现,零价铁在水处理中不仅可以去除水体中的卤代有机物,同时还可以去除水体中的重金属、硝酸盐、偶氮染料及高氯酸盐等污染物,从而进一步扩大了零价铁在水处理技术中的应用范围,为污水处理技术的改革提供了新的研究方向。

1.3.1 零价铁还原技术的原理

铁的电极电位较低,电子排布为 $1s^2 2s^2 2p^6 3s^2 3p^6 3d^6 4s^2$,具有较强的还原能力,能够还原具有氧化性的离子、化合物或有机物等。

在干燥空气中,铁难以和氧气发生化学反应,但是在含有水分的空气中或水体中则较容易和氧气发生反应,酸性环境也会加速铁的腐蚀。铁的腐蚀过程主要是电化学腐蚀,包括吸氧和析氧两种腐蚀作用。

Gillham 等[59]和 Orth 等[60]研究零价铁对有机物的还原作用,同时将此技术应用于地下水渗透反应墙中,使零价铁在地下水修复技术中得到广泛的应用。在反应过程中,起还原作用的是零价铁及在反应过程中产生的二价铁和氢。研究发现,零价铁的反应机理为:①零价铁表层的电子发生直接转移[59, 61];②零价铁氧化过程产生的二价铁离子进一步作为还原剂[62];③在反应过程中产生的 H_2 可作为还原剂进一步促进还原反应的进行。

1.3.2　零价铁多孔材料在水处理中的应用

1.3.2.1　零价铁去除水体中的卤代有机污染物

零价铁可以高效地对水体中的有机物进行脱卤[63]。前人所研究的可使用零价铁除氯的有机物主要包括三氯乙烯（TCE）、四氯乙烯（PCE）、多氯联苯（PCBs）、三氯甲烷（CF）、苯醚[2,2-双（4-氯苯基）-1,1-二氯乙烯（DDE）]、γ-六氯环己烷（γ-HCH）、二氯二苯二氯代甲烷（DDD）、二氯二苯三氯乙烷（DDT）等含氯有机污染物。零价铁与氯代有机物的化学反应方程式如式（1.1）～式（1.3）所示。

$$RCl_n + H^+ + 2e^- \longrightarrow RHCl_n + Cl^- \qquad (1.1)$$

$$CCl_n + 2e^- \longrightarrow Cl_{n-2}C \colon + 2Cl^- \qquad (1.2)$$

$$R_2CCl\!-\!CClR_2 + 2e^- \longrightarrow R_2C =\!\!= CR_2 + 2Cl^- \qquad (1.3)$$

Arnold 和 Roberts[64] 的研究表明，三氯乙烯的降解是由于发生 β 还原消除反应从而使之得到降解。MacKenzie 和 Matheson[65] 的研究表明，四氯化碳在零价铁的作用下发生了逐级氢解。Doong 等[66] 在研究中发现，在 Si^0/Fe^0 混合体系中，氯代烃的降解机理主要是发生了逐级氢解。同时，Wang 等[67] 研究了零价铁对水体中的六氯环己烷的脱氯效果及机理，通过研究零价铁的添加量、初始 pH 及反应阶段的温度等因素的影响，进一步提出零价铁脱氯的机理是将污染物质还原为苯和氯苯。Zhang 等[68] 选取纳米级的零价铁研究其对水体中的三硝基甲苯（TNT）的去除效果，实验结果表明，当污染物质 TNT 的初始反应条件为 C_0＝80 mg/L，pH＝4，反应温度为 40 ℃，在反应时间达到 3 h 时，其降解污染物 TNT 的去除率达到 99％，可以选用 Langmuir-Hinshelwood 较好地拟合其吸附去除过程的动力学过程。傅里叶变换红外光谱仪（FTIR）和紫外可见（UV）分光光度计测试结果表明，纳米级零价铁在吸附 TNT 后，其表面发生了还原反应，纳米级零价铁被还原。

1.3.2.2　零价铁去除水体中的重金属

零价铁在废水处理中的应用，最早是始于处理电镀废水及重金属污染的废水[69]。现阶段，国内外大量学者对在水体中应用零价铁吸附处理重金属开展了广泛深入的研究[70-74]，研究发现，零价铁可以高效吸附去除水体中的重金属污染物质，同时该处理方法操作简便、费用低，且具有实用性强的优点。国内外应用零价铁吸附去除水体中的重金属污染物质，主要包括重金属铬、砷和镉的去除。去除机理主要为还原、沉淀、吸附和絮凝等[75-76]。

黄园英等[77]研究用铁屑去除水体中的重金属铬,研究了重金属铬的初始浓度、固液比及反应温度对去除效果的影响,研究发现,当固液比不变且进水的初始浓度在一个确定的变化范围内时,重金属铬的去除率达到99%以上。同时,随着反应温度的升高,反应速率逐渐增大。基于零价铁对重金属铬的去除效果研究,大量学者对铁的投加量、酸度及水化条件等因素对零价铁去除重金属铬的机理做了进一步的研究。2004年,张瑞华和孙红文[78]以铁屑作为实验材料,研究其对水体中重金属铬的去除效果。实验水体分别选择蒸馏水和自来水中的重金属。研究发现,在对自来水的净化过程中,15 min后,自来水中的重金属铬的浓度已经达到了国家饮用水质标准。研究过程中发现溶液的初始pH、零价铁的投加量、重金属污染物质的初始浓度均会影响重金属铬的去除效果,从而得出如下结论:零价铁去除铬的反应机理为氧化还原和共沉淀作用。

此外,许多学者还针对零价铁去除水体中砷做了大量的研究工作。2009年,饶品华等[79]研究在含有天然有机物腐殖酸的水体中,零价铁对重金属砷的去除效果及机理。研究发现,天然有机物腐殖酸不利于零价铁对水体中重金属砷的去除,天然有机物腐殖酸的浓度越高,其对零价铁去除重金属砷的抑制作用越明显,与Trois等[80]在2015年的研究结论基本一致。实验发现,当水体中不存在腐殖酸时,零价铁对砷的去除可选用准一级动力学模型拟合,其相关性系数r^2高于0.96。当水体中存在腐殖酸时,零价铁对砷的去除不再符合准一级动力学模型。原因主要是溶液中离子态的铁与腐殖酸发生络合反应,抑制铁的氢氧化物的形成,从而改变了整个反应过程。黄园英等[77]学者选用自制的纳米铁、购买的纳米铁和铸铁屑,研究其对饮用水体中的重金属砷的去除效果,实验结果表明,自制的纳米铁可以高效去除水体中的重金属砷,其去除效果要优于其他两种铁的材料,其反应过程符合准一级动力学方程。

同时,零价铁还可以应用于土壤重金属的修复中,研究表明,零价铁可以去除土壤中的铬、铅、银、砷等重金属[81-82]。2006年,Kumpiene等[83]使用零价铁去除土壤中的重金属铬,在实验过程中采用$NaBH_4$作为还原剂来还原Fe^{2+}制备纳米级的零价铁,研究结果表明,纳米级的零价铁可以高效去除土壤中的重金属铬。2012年,Chang等[84]进行不同来源的零价铁对重金属铬的去除效果研究,发现其对重金属的去除效果差异明显,然而,其对重金属铬的去除过程皆符合一级动力学方程。在反应过程中,当重金属铬的初始浓度逐渐降低、温度逐渐升高时,零价铁对重金属铬的去除速率升高。

纳米零价铁在实际应用过程中容易发生聚团、沉积等问题。2015年,Nguyen等[85]研究负载纳米铁的材料对污染环境中重金属铬和重金属铅的去除效果,研究发现,纳米级的零价铁可以将六价铬还原为三价铬，将二价铅还原为零价铅，而零价铁被氧化为 α-FeOOH，反应过程伴随着吸附反应的进行。同时研究结果发现，纳米级的零价铁对六价铬和二价铅的去除速率远远高于其他含铁材料，且纳米级的零价铁可以较长时间保持反应活性，从而为其在实际环境中的应用提供了有效的保障。此外，现阶段大量的学者开始研究纳米零价铁的合成。2015 年，Mu 等[86]制备了一种新型的吸附材料 Fe-@-Fe$_2$O$_3$ 核-壳纳米铁，研究此新型吸附材料对水体中重金属铬的去除效果。研究发现，当水溶液的初始 pH 为 6.5、重金属铬的初始浓度为 8.0 mg/L 时，其对重金属铬的吸附量达到 7.78 mg/g。然而，实验发现，对于低污染浓度的水体，此吸附材料可以高效去除水体中的重金属铬，而对于高浓度污染的水体去除效果不太理想。同时，吸附等温线研究表明，Freundlich 模型可以较好地表达重金属铬的吸附反应过程，其相关性系数 r^2 达到 0.98，吸附动力学研究表明，重金属铬的去除过程符合准二级速率方程。通过 FTIR、SEM 和 EDX（能量色散 X 射线光谱）等表征发现，六价铬被还原为三价铬，以 Cr$_2$O$_3$ 或者 Cr(OH)$_3$ 的形式附着于材料的表层。

前人的研究发现，零价铁去除重金属砷的过程和铬的过程不同。砷的去除主要是发生表面络合反应，重金属砷未到达零价铁的表面时，零价铁氧化过程中产生的氢氧化物已在零价铁的表层形成[87]。同时，重金属砷的去除速率还与其比表面积、种类和反应时间有关，主要是因为零价铁的腐蚀点位增加了对重金属砷的去除能力[88-90]。因而，不同存在形态的重金属砷皆可被水体中的零价铁反应去除。2015 年，Taleb 等[91]制备了一种新型的核-壳结构纳米铁材料，开展了其对地下水中重金属砷的去除研究。实验结果表明，重金属砷的吸附去除过程符合准一级动力学模型，在有零价铁存在的水体环境中，重金属砷由高价态逐渐转化为低价态，同时零价铁逐渐转化成磁铁矿或磁赤铁矿。此外，当被处理的水体中含有 HCO$_3^-$、HSiO$_4^{3-}$ 和 H$_2$PO$_4^-$ 时，能够有效地促进重金属砷的吸附去除过程。

1.3.2.3 零价铁去除水体中的染料有机污染物

颜色是染料废水对自然水体污染的最基础的影响因素，因而废水脱色是其处理的最重要的一个环节[92-98]。大量的前人研究发现，零价铁可以高效去除染料废水[99-102]。污染水体中的染料主要包括活性染料、偶氮染料和多甲川染料等[103]。偶氮染料的产量占总产量的 50% 以上。零价铁去除偶氮染料的机制主要是偶氮染料中的偶氮键容易发生氢化作用，从而断裂，偶氮染料的发色基发生破坏，因而偶氮染料的颜色褪去[104]。

2010 年，卢堂俊等[105]制备出一种新型的铁基材料，研究其对酸性黑 10B 的去除效果,大量的实验结果表明,此铁基材料可以高效去除酸性黑10B。2015年,Wang等[106]选取颗粒状的零价铁,研究其对9种偶氮染料的脱色效果,实验结果表明,此铁基材料能够成功使9种偶氮染料脱色,其中橙黄Ⅱ和对氨基苯磺酸的吸附动力学过程符合准一级动力学模型。2009年,陈冰等[107]研究超声波和零价铁同时作用,对水体中存在的活性深蓝的降解效果。实验结果表明,当水体中的初始pH为3时,活性深蓝的降解速率达到最高值。同时,当超声功率增加、染料的初始浓度降低时,染料的降解效率逐渐升高。由实验数据拟合可知,其吸附降解过程符合一级动力学反应,相关性系数r^2达到0.981 7。

1.3.2.4 零价铁去除水体中的硝酸盐

零价铁可以应用到反硝化技术中,因而水体中的硝酸盐采用零价铁进行还原脱除的研究得到了较为广泛的关注[108-111]。2015年,Jiang等[112]研究发现,硝酸盐经零价铁还原的化学方程式如式(1.4)和式(1.5)所示,其他学者认为反应条件不同,还原过程可能还会产生亚硝酸盐或者氮氧化物等[111],具体的反应过程如式(1.6)所示。

$$NO_3^- + 7H_2O + 4Fe^0 \longrightarrow NH_4^+ + 10OH^- + 4Fe^{2+} \tag{1.4}$$

$$5Fe^0 + 2NO_3^- + 6H_2O \longrightarrow 5Fe^{2+} + N_2(g) + 12OH^- \tag{1.5}$$

$$Fe + NO_3^- + 2H^+ \longrightarrow Fe^{2+} + H_2O + NO_2^- \tag{1.6}$$

式(1.4)和式(1.5)分别是由Liu等[113]在2012年和Choe等[114]在2000年提出的。其中方程式是(1.4)通过研究商业铁粉和铁屑还原水体中的硝酸盐反应过程得出的。而式(1.5)是采用纳米级的铁颗粒,在厌氧的反应条件下,还原硝酸盐得出的。大量的实验研究表明,零价铁在还原硝酸盐的反应过程中受到溶液初始pH、水体中共存的离子及溶解氧等众多因素的影响[115]。零价铁对硝酸盐的去除机制主要包括吸附和化学还原[116]。2007年,Xiong等[117]研究采用羧甲基纤维素来稳定纳米级铁颗粒,进而研究其对水体中的硝酸盐的去除效果。实验结果表明,其去除过程符合一级动力学方程,且经过羧甲基纤维素稳定的纳米级铁颗粒去除效果远远高于未稳定的纳米级铁颗粒。同时,反应水体中加入一定量的NaCl时,吸附去除速率降低约30%,而反应2 h后,硝酸盐污染物能被大量去除。

由于零价铁在反应过程中会产生氢气,可作为反硝化细菌的电子供体,因而可以将零价铁与反硝化菌联合作用,去除水体中的硝酸盐。此方法不仅可以有效地解决生物反硝化作用中缺少电子供体的难题,而且操作过程简便快捷,是一项非常具有潜力的研究方法。

1.4 零价铁多孔材料的制备研究

纳米级零价铁不仅具有零价铁较高的还原特性,而且具有较大的比表面积,因而纳米零价铁具有较强的吸附性和化学还原能力,在水处理中得到了广泛的应用[118-120]。现阶段,纳米零价铁的生产制备工艺主要包括气基制备法、液相制备法、固基制备法等。

1.4.1 气基制备法

气基法制备零价铁,主要包括热等离子体法、溅射法、惰性气体冷凝法、气相热分解法和气相还原法等。罗驹华等[121]在 2007 年研究采用环等离子体和循环冷却水的方法来制备纳米零价铁,然而,此方法制备的纳米零价铁容易发生团聚,导致纳米零价铁的颗粒较大。Sasaki 等[122]在 1998 年研究采用脉冲激光冲蚀法制备 Ca/Fe 复合纳米颗粒,此方法制备的纳米颗粒呈球形,且具有分布均匀的优点,并就环境压力和激光脉冲能量等影响因素对材料制备的影响做了进一步的研究。研究表明,通过调整制备环境的压力和改变脉冲激光的能量可以制备出不发生团聚的纳米零价铁。同时,Lee 等[123]在 2005 年研究采用改良的化学气相浓缩法来研究制备纳米零价铁,同时,在不采用冷却装置的条件下,研究不同反应温度对纳米零价铁制备效果的影响。此方法制备出的纳米零价铁粒径在 10 nm 到 100 nm 之间,且能够一定程度上减少团聚现象的发生。现有的采用气基还原制备纳米零价铁方法的对比结果如表 1.1 所示。

表 1.1 气基制备零价铁的方法对比

制备方法	优点	缺点
惰性气体冷凝法	纯度高,粒径小	设备要求高温,操作有危险
热等离子体法	可制备高熔点金属纳米微粒,可控制颗粒的粒径	设备要求较高,操作有难度
溅射法	颗粒的粒径分布均匀,可制备铁化合物	设备要求较高,操作有难度
气相还原法、气相热分解法	铁颗粒粒径分布均匀,产物纯度高,结晶好,粒径小	设备要求较高,操作有难度

1.4.2 液相制备法

液相法制备纳米零价铁包括液相还原法、乳液法、沉淀法、溶胶-凝胶法和电化学沉积法等。液相还原法具有操作简单,容易控制,制备的纳米零价铁分布均匀、纯度高的优点,是现阶段实验室研究中应用最广泛的制备方法。

2007 年,Giasuddin 等[124]研究采用液相还原法来制备纳米级的零价铁,用其吸附净化地表水中的腐植酸和三价砷等污染物质。2005 年,He 等[125]研究采用水和淀粉的混合物作为稳定溶液来制备纳米零价铁,可以有效克服纳米零价铁颗粒容易发生团聚的问题,制备成的纳米颗粒直径约为 14.1 nm,具有较好的吸附还原性能。同样,董婷婷等[126]在 2010 年研究采用液相还原法制备纳米级零价铁,并研究其对含氯硝基苯废水的净化效果,发现通过添加碱性物质能够有效降低纳米零价铁颗粒的粒径,使纳米零价铁颗粒的比表面积变大,从而提高其吸附和还原的能力。而在地下水的修复过程中,纳米零价铁颗粒在地下水溶液中不易发生迁移,且易发生聚合。针对上述问题,Phenrat 等[127]研究采用阴离子聚合电解质作为分散剂来改进原来普通的液相还原法,进一步提高纳米零价铁颗粒在分散环境中的稳定性,从而可以有效地解决纳米级零价铁容易发生聚合和沉淀的问题。张智敏等[128]在 2003 年研究电化学方法制备纳米级零价铁,通过采用十二烷基苯磺酸钠作为表面活性剂,制备出颗粒分布均匀的纳米铁颗粒材料。

液相还原法制备纳米零价铁材料,操作技术相对简单,反应条件温和,操作易于控制,且制得的纳米铁材料纯度高、粒径分布均匀,在实验室研究中得到了较为广泛的应用。但是该方法制备出的纳米零价铁不易保存,容易在保存过程中发生氧化,氧化过程中产生的氧化物附着在材料的表层,在一定程度上会阻碍纳米零价铁与污染物之间的反应活性。因而液相还原法制备的纳米零价铁的干燥技术尚需进一步的研究。

现有的采用液相法制备纳米零价铁的方法对比分析如表 1.2 所示。

表 1.2 液相法制备纳米零价铁方法的比较

制备方法	优点	缺点
液相还原法	设备简单,可操作性强,生产成本低	粒径分布不均匀,易发生团聚,保存过程易发生氧化
乳液法	分布均匀,粒径小,生产材料纯度高,分散性好	生产成本较高,工艺复杂
沉淀法	反应温度低,成本低,操作简单,且粒径分布均匀	难于水洗和过滤,沉淀剂易混入,纯度低
溶胶-凝胶法	反应过程不易掺入杂质,设备简单,颗粒细,反应温度低,且成分容易控制	原材料价格较贵,颗粒烧结过程不易控制,干燥时颗粒收缩性大
电化学沉积法	密度高,设备简单,反应温度低、时间短,易于操作,成本低	易引入微米级大小的颗粒,影响结晶效果,沉积不均匀

1.4.3　固基制备法

固基法制备纳米零价铁材料的方法主要包括固相还原法、高能机械球磨法和深度塑性变形法等。其中，Malow 等[129]研究采用机械球磨法制备纳米零价铁材料，通过在800 K高温条件下焙烧，最终制备出粒径在15～24 nm的纳米零价铁。他们在1997年，研究采用固相还原法制备纳米零价铁材料，此方法可以较精确地控制生产的粒径尺寸，可以制备出粒径在几十纳米范围内的零价铁纳米颗粒。

固相还原法制备纳米零价铁，工艺操作简单，可控制性强，可以实现大规模生产。然而，在生产过程中，制备出的颗粒的粒径不易控制，粒径分布较不均匀，也容易引入杂质，如铁的氧化物等杂质[130-131]。单独采用此方法制备纳米零价铁材料，存在一定的局限性，而结合其他还原方法联合制纳米零价铁的方法有更广阔的应用前景。现阶段，采用固相还原法来制备纳米零价铁的方法对比结果如表1.3所示。

表 1.3　固相法制备纳米零价铁方法的比较

制备方法	优点	缺点
固相还原法	工艺可操作性较强，能够适应大规模生产的要求	粒径不易控制，零价铁易团聚，需加入分散剂
高能机械球磨法	工艺简单，产量高，成本低，易产业化，可制备较高熔点的金属合金材料	颗粒分布不均匀，易引入杂质，磨机结构复杂
深度塑性变形法	工艺简单，较容易实现纳米铁材料的工业化生产及应用	粒径分布不均匀，纯度较低

1.5　主要研究内容

1.5.1　研究目的及意义

印染废水对人类的健康、生存及发展构成严重的威胁，已经引起了全世界的广泛关注。印染废水中不仅含有大量生物难降解的有机污染物质，而且含有大量难降解的重金属污染物质。染料进入水体后，发光或者助色基团使得受污染水体呈现不同的颜色，受染料污染的水体可见度下降，从而造成水体中绿色植被的光合作用降低，水体中溶解氧的含量降低,影响水生植物的生长,最终破坏整个水生生态系统的健康发展。而且受染料污染的水体会引起人体的不适,甚至具有致癌、致畸和致突变等作用。水体中重金属污染主要是由于重金属具有较高的毒性及较强的迁移活性,使之成为水体物质中较为危险的一类污染物质[23-24]。水体中存在的重金属污染物质难降解,且易被水体微生物吸收转化为毒性更强的金属化合物,对水生环境造成更为严重的危害[25]。因此,开展对水体中染料和重金属的有效降解方法的研究是国际水污染治理领域中的重要课题。

目前,在纳米零价铁技术去除水体中的有机污染物质和重金属方面,人们已开展了很多研究,并取得了良好的应用效果。然而纳米零价铁在实际应用过程中存在易团聚、易氧化且表面疏水性能差等缺点,从而大大限制了其优势的发挥。针对纳米零价铁的这些缺陷,大量研究学者采用不同的材料作为纳米零价铁附着的载体来固定纳米零价铁,并取得了一定的成效。目前的研究方向是寻求一种成本低、制备容易、再生容易、与环境兼容且无毒的负载材料。

因此,在本研究中,我们采用废弃物棕榈壳和铁矿石尾矿为原材料,以废弃物粉煤灰作为造孔剂,以膨润土作为黏结剂,制备了一种兼具多孔材料的吸附功能和零价铁的反应活性的嵌布式零价铁多孔吸附反应材料,此材料是一种制作成本较低、操作容易、可以产业化生产且与环境兼容、易再生的新型吸附材料。我们以此吸附材料深入研究其对水体中的染料污染物质和重金属的去除效果、影响因素和去除机理等。同时,选取市场上应用最为广泛的活性炭作为对比对象,进一步判断此种新型吸附材料具有广泛的应用前景。

1.5.2　研究内容

(1) 固基直接还原法制备零价铁

甄选不同的固态还原剂(棕榈壳)和铁矿石尾矿粉碎过 80 目筛,采用带盖陶瓷坩埚密封置于气氛烧结炉中隔绝空气灼烧,研究还原剂与铁矿石的比例、灼烧温度、升温速率及降温速率对还原过程中产生的零价铁的还原率,确定制备零价铁的最佳方法。

(2) 嵌布式零价铁多孔吸附反应材料的制备及表征

基于固基直接还原法制备零价铁的实验结果,在固态还原剂棕榈壳和铁矿石尾矿中,添加造孔剂粉煤灰、黏结剂膨润土制备嵌布式零价铁多孔吸附反应材料,考虑原材料比例、烧结温度、升温速率和时间对材料性能的影响。设计正交实验,通过测定不同材料对水体中一定浓度的染料和重金属的去除率,确定嵌布式零价铁多孔吸附反应材料制备的最佳条件。通过研究此吸附材料的 BET 比表面积、扫描电子显微镜(SEM)等分析揭示多孔材料的内部结构,通过 X 射线衍射(XRD)、X 射线荧光(XRF)分析揭示此吸附材料内部的铁的形态及零价铁的含量,通过傅里叶变换红外光谱仪分析研究此吸附材料表层的官能团。

(3)嵌布式零价铁多孔吸附反应材料对龙胆紫和亚甲基蓝的去除

选取市场上应用最广泛的活性炭作为对比研究对象,研究溶液初始 pH、染料初始浓度、反应温度及反应时间等因素对龙胆紫和亚甲基蓝的去除率和吸附量的影响。采用准一级动力学、准二级动力学拟合数据来研究吸附动力学过程,采用 Langmuir、Freundlich 吸附等温线拟合吸附数据来研究吸附过程的吸附等温,从而探究嵌布式零价铁多孔吸附反应材料对龙胆紫和亚甲基蓝的吸附机理。

(4)嵌布式零价铁多孔吸附反应材料对重金属铬的去除

选取市场上应用最广泛的活性炭作为研究对比对象,采用重铬酸钾配制不同浓度重金属铬的污染废水,研究不同的初始 pH、重金属铬的初始浓度、反应温度及反应时间等因素对重金属铬去除率和吸附量的影响。采用准一级动力学、准二级动力学拟合数据来研究吸附动力学的过程,采用 Langmuir、Freundlich 吸附等温线拟合吸附数据来研究吸附过程的吸附等温,从而探究嵌布式零价铁多孔吸附反应材料对重金属铬的吸附机理。

(5)嵌布式零价铁多孔吸附反应材料对阳离子染料(龙胆紫和亚甲基蓝)及重金属铬的联合去除机理

采用龙胆紫、亚甲基蓝和重铬酸钾配制同时含有龙胆紫、亚甲基蓝和重金属铬的混合废水,研究不同的初始 pH、污染物的初始浓度及反应时间的变化对三种污染物的去除影响,从而探究在三种污染物质同时存在的水体中,嵌布式零价铁多孔吸附反应材料对三种污染物质去除的效果和去除机理。

2 实验材料与方法

2.1 实验材料及设备

2.1.1 实验药品及原材料

本实验所需的主要药品与原材料如表 2.1 所示,原材料的化学成分如表 2.2 所示。

表 2.1 实验药品与原材料

药品名称	纯度或化学成分	生产厂家或产地
铁矿石尾矿	成分见表 2.2	武汉钢铁集团矿业有限责任公司
棕榈壳	分析纯	青岛海利泽国际贸易有限公司
粉煤灰	成分见表 2.2	宁夏神华煤业集团有限责任公司
膨润土	成分见表 2.2	安徽官山明溪矿品厂
颗粒状活性炭(GAC)	分析纯	卡尔冈炭素有限公司
龙胆紫	分析纯	国药集团化学试剂(北京)有限公司
亚甲基蓝	分析纯	北京化学试剂有限公司
重铬酸钾	分析纯	北京化学试剂有限公司
三氯化铁	分析纯	北京化学试剂有限公司
磷酸	分析纯	北京化学试剂有限公司
硫酸	分析纯	北京化学试剂有限公司
盐酸	分析纯	北京化学试剂有限公司
氢氧化钠	分析纯	北京化学试剂有限公司
二苯胺磺酸钠	分析纯	国药集团化学试剂有限公司
丙酮	分析纯	国药集团化学试剂有限公司
二苯碳酰二肼	分析纯	国药集团化学试剂有限公司

（续表）

药品名称	纯度或化学成分	生产厂家或产地
氯化钠	分析纯	北京化学试剂有限公司
环氧树脂	分析纯	北京化学试剂有限公司
环氧树脂硬化剂	分析纯	北京化学试剂有限公司
溴化钾	色谱纯	北京化学试剂有限公司

表 2.2　原材料的化学成分(质量分数)　　　　　单位：%

	SiO_2	Al_2O_3	Fe_2O_3	CaO	MgO	SO_3
粉煤灰	46.44	25.10	5.86	3.86	0.93	0
铁矿石尾矿	22.44	6.44	27.47	1.95	3.07	4.61
膨润土	56.63	10.13	6.01	8.21	6.79	0

2.1.2　实验设备

本实验中用到的主要实验仪器与设备如表 2.3 所示。

表 2.3　主要实验仪器与设备

实验仪器	型号	生产厂家
磁力搅拌器	MS7-H550-Pro	大龙兴创
气氛烧结炉	HMX-1400-30A	上海皓越
超声波清洗仪	YQ-1002A	上海易净
电热恒温鼓风干燥箱	DHG-9023A	上海精宏
无油真空泵	HP-01	天津恒奥
电子分析天平	AUW320	日本岛津
傅里叶变换红外光谱仪	Tensor 27	Bruker,Germany
紫外可见分光光度计	UV-2600A	尤尼柯
扫描电子显微镜耦合能谱分析仪 （SEM/EDX）	JOEL JSM-6610 LV	JEOL,Japan
X 射线衍射仪（XRD）	D8 Advance Davinci	Bruker, Germany
全自动比表面和孔径分析仪	AUTOSORB-1	Quantachrome, USA
原子吸收分光光度计	Varian Spectra 220FS	安捷伦

(续表)

实验仪器	型号	生产厂家
Zeta 电位分析仪	Zeta Probe™	Colloidal Dynamics，USA
水浴恒温振荡器	SHA-C	国华仪器
颗粒成型机	LG-120A	临工机械
真空干燥箱	DZF-6020	上海齐欣仪器
元素分析仪	Vario EL Ⅲ	Elementar，Germany
X 射线荧光光谱仪（XRF）	XRF-1800	岛津分析检测
抗压强度试验机	YAW-300	方圆仪器

2.2 实验方法

2.2.1 零价铁的制备

根据固基直接还原铁技术，选取棕榈壳作为固体还原剂，铁矿石尾矿作为供铁体，在高温无氧条件下还原制备零价铁。通过计算还原率作为评价零价铁还原产量的标准，还原率的计算公式如式（2.1）所示。设置一系列实验，研究不同的反应温度、反应时间、棕榈壳与铁矿石尾矿的比例及加热升温速率对还原率的影响。

（1）反应温度对还原率的影响实验：首先将研磨至 500 目的棕榈壳和铁矿石尾矿在 105 ℃烘干 24 h，然后分别准确称取棕榈壳和铁矿石尾矿各 1.0 g 于带盖陶瓷干锅中充分混合均匀后密封，最后将其放置于气氛烧结炉中。设置焙烧时间为 30 min，升温速率为 10 ℃/min，设置焙烧温度为 300 ℃、400 ℃、500 ℃、600 ℃、700 ℃、800 ℃、900 ℃，测试在不同的焙烧温度下制备出的零价铁的量，同时根据式（2.1）计算零价铁还原率。

（2）反应时间对还原率的影响实验：首先将研磨至 500 目的棕榈壳和铁矿石尾矿在 105 ℃烘干 24 h，然后分别准确称取棕榈壳和铁矿石尾矿各 1.0 g 于带盖陶瓷干锅中充分混合均匀后密封，最后将其放置于气氛烧结炉中。设置焙烧温度为 800 ℃，升温速率为 10 ℃/min，设置焙烧时间分别为 5 min、10 min、20 min、30 min、60 min、90 min、120 min、150 min，测试在不同的焙烧时间下制备出的零价铁的量，同时根据式（2.1）计算零价铁还原率。

（3）棕榈壳与铁矿石尾矿的比例对还原率的影响实验：首先将研磨至 500 目的棕榈壳和铁矿石尾矿在 105 ℃烘干 24 h，然后称取不同质量比的棕榈壳和铁矿石尾矿（0.5∶1、0.75∶1、1∶1、1.25∶1、1.5∶1 和 2∶1）于带盖陶瓷干锅中充分混合均匀后密封，最后将其放置于气氛烧结炉中。设置焙烧温度为 800 ℃，焙烧时间为 30 min，升温速率为 10 ℃/min，测试不同质量比的棕榈壳和铁矿石尾矿制备出的零价铁的量，同时根据式（2.1）计算零价铁还原率。

（4）加热升温速率对还原率的影响实验：首先将研磨至 500 目的棕榈壳和铁矿石尾矿在 105 ℃烘干 24 h，然后准确称取棕榈壳和铁矿石尾矿各 1.0 g 于带盖陶瓷干锅中充分混合均匀后密封，最后将其放置于气氛烧结炉中。设置焙烧温度为 800 ℃，焙烧时间为 30 min，升温速率分别为 2 ℃/min、4 ℃/min、6 ℃/min、8 ℃/min、10 ℃/min，测试不同升温速率下制备出的零价铁的量，同时根据式（2.1）计算零价铁还原率。

$$\eta(\%) = \frac{m_1 M_2}{2 m_2 M_1 w} \times 100 \tag{2.1}$$

式中：m_1——零价铁的质量（mg）；

m_2——铁矿石尾矿的质量（mg）；

M_1——零价铁的相对分子质量；

M_2——Fe_2O_3 的相对分子质量；

w——Fe_2O_3 在铁矿石尾矿中的质量分数。

2.2.2　嵌布式零价铁多孔吸附反应材料（FB-mZVI）的制备

基于直接还原铁技术制备零价铁的实验结果，设计正交实验来研究不同的影响因素对嵌布式零价铁多孔吸附反应材料制备的影响，以确定嵌布式零价铁多孔吸附反应材料制备的最佳条件。采用正交实验设计助手软件，设置 3×3 正交实验。粉煤灰、膨润土、铁矿石尾矿和棕榈壳四种原材料的质量比（1∶1.5∶1∶1、2∶2∶1∶1、3∶2.5∶1∶1）、反应时间（10 min、30 min、60 min）和反应温度（800 ℃、850 ℃、900 ℃）作为正交实验设计的三个不同影响因素。

在 105 ℃烘箱烘干 24 h 后，四种原材料粉煤灰、膨润土、铁矿石尾矿和棕榈壳研磨过500 目筛子，最终按照一定的质量比混合，搅拌均匀。按照质量体积比 10∶1（g∶mL）加入去离子水搅拌均匀后，放入颗粒成型机中，制备成圆柱形颗粒状的吸附材料（直径3 mm，长 20 mm）。这些颗粒状的吸附材料首先在真空干燥箱中干燥 6 h；然后放入电热恒温鼓风干燥箱于 60 ℃干燥 24 h;最后,经干燥后的颗粒状吸附材料放入气氛烧结炉中,以一定的升温速率加热到一定的焙烧温度,反应达一定的时间后,关闭气氛烧结炉,降温至室温后,即得嵌布式零价铁多孔吸附反应材料。

测试嵌布式零价铁多孔吸附反应材料对龙胆紫的去除率或吸附量,作为选择此种材料制备方法的依据。具体的实验方法为:配制 800 mg/L 的龙胆紫溶液,取 100 mL 分别加入 250 mL 锥形瓶中,加入 0.5 g 吸附材料,置于水平振荡器中,以 50 ℃、120 r/min 振荡。在振荡时间分别为 1 h、2 h、4 h、7 h、9 h、21 h、24 h、27 h、29 h、33 h、44 h、48 h 时取 0.2 mL 水样测试水溶液中龙胆紫的浓度。龙胆紫的吸附量(Q_t)的计算如式(2.2)所示。龙胆紫的去除率(R)的计算如式(2.3)所示。

$$Q_t = \frac{(C_0 - C_t)V}{m} \tag{2.2}$$

$$R(\%) = \frac{C_0 - C_t}{C_0} \times 100 \tag{2.3}$$

式中:Q_t ——污染物的吸附量(mg/g);

$\quad R$ ——污染物的去除率(%);

$\quad C_0$ ——污染物的初始浓度(mg/L);

$\quad C_t$ ——吸附达到平衡时水溶液中污染物的浓度(mg/L);

$\quad V$ ——污染物溶液的体积(L);

$\quad m$ ——吸附材料的质量(g)。

亚甲基蓝吸附量和去除率的计算公式与龙胆紫类似。

2.2.3　FB-mZVI 对废水中龙胆紫和亚甲基蓝的去除

采用龙胆紫和亚甲基蓝配制标准贮备液,采用去离子水稀释成不同浓度的龙胆紫和亚甲基蓝溶液。选用 0.1 mol/L NaOH 和 0.1 mol/L HCl 调整龙胆紫和亚甲基蓝溶液至不同的 pH,采用水浴恒温振荡器设置不同的反应温度,分别研究不同反应时间、初始浓度、初始 pH、反应温度及吸附材料投加量对废水溶液中龙胆紫和亚甲基蓝的去除率、吸附量、吸附动力学和吸附等温线。

(1)反应时间对龙胆紫和亚甲基蓝去除的影响

分别取 800 mg/L 的龙胆紫和亚甲基蓝溶液于 250 mL 锥形瓶中。准确称取 0.6 g FB-mZVI 吸附材料,放入每个锥形瓶后,置于水浴恒温振荡器中,设置温度为 30 ℃。分别在反应时间为 1 h、3 h、5 h、7 h、9 h、21 h、23 h、28 h、31 h、33 h、46 h、48 h 时取水样 0.2 mL,测试水样中龙胆紫和亚甲基蓝的浓度。按照式(2.2)和式(2.3)分别计算其吸附量和去除率。

(2) 初始浓度对龙胆紫和亚甲基蓝去除的影响

采用龙胆紫和亚甲基蓝标准贮备液和去离子水,配制初始浓度分别为 50 mg/L、100 mg/L、200 mg/L、400 mg/L、600 mg/L、800 mg/L、1 000 mg/L 的溶液,放置于 250 mL 锥形瓶中。准确称取 0.6 g FB-mZVI 吸附材料,放入每个锥形瓶后,置于水浴恒温振荡器中,设置温度为 30 ℃。在一定反应时间后,取水样 0.2 mL,测试水样中龙胆紫和亚甲基蓝的浓度。按照式(2.2)和式(2.3)分别计算其吸附量和去除率。

(3) 吸附材料投加量对龙胆紫和亚甲基蓝去除的影响

分别取 800 mg/L 的龙胆紫和亚甲基蓝溶液于 250 mL 锥形瓶中。分别称取 0.2 g、0.4 g、0.6 g、0.8 g、1.0 g 的 FB-mZVI 吸附材料,分别放置于锥形瓶中,置于水浴恒温振荡器中,设置温度为 30 ℃。在一定的反应时间后,分别取水样 0.2 mL,测试水样中龙胆紫和亚甲基蓝的浓度。按照式(2.2)和式(2.3)分别计算其吸附量和去除率。

(4) 初始 pH 对龙胆紫和亚甲基蓝去除的影响

分别取 800 mg/L 的龙胆紫和亚甲基蓝溶液于 250 mL 锥形瓶中,采用 0.1 mol/L NaOH 和 0.1 mol/L HCl 调节龙胆紫和亚甲基蓝溶液 pH 分别为 2.0、4.0、6.0、8.0 和 10.0。准确称取 0.6 g FB-mZVI 吸附材料,放入每个锥形瓶中,置于水浴恒温振荡器中,设置温度为 30 ℃。在一定的反应时间后,分别取水样 0.2 mL,测试水样中龙胆紫和亚甲基蓝的浓度。采用式(2.2)和式(2.3)分别计算其吸附量和去除率。

(5) 反应温度对龙胆紫和亚甲基蓝去除的影响

分别取 800 mg/L 的龙胆紫和亚甲基蓝溶液于 250 mL 锥形瓶中,准确称取 0.6 g FB-mZVI 吸附材料,放入每个锥形瓶中,置于水浴恒温振荡器中,分别设置反应温度为 30 ℃、40 ℃、50 ℃,在一定的反应时间后,分别取水样 0.2 mL,测试水样中龙胆紫和亚甲基蓝的浓度。按照式(2.2)和式(2.3)分别计算其吸附量和去除率。

(6) FB-mZVI 对水样中龙胆紫和亚甲基蓝的吸附动力学

采用龙胆紫和亚甲基蓝标准贮备液和去离子水,配制初始浓度分别为 50 mg/L、100 mg/L、200 mg/L、400 mg/L、600 mg/L、800 mg/L、1 000 mg/L 的溶液,放置于 250 mL 锥形瓶中。准确称取 0.6 g FB-mZVI 吸附材料,放入每个锥形瓶后,置于水浴振荡器中,设置温度分别为 30 ℃、40 ℃、50 ℃。在反应时间为 1 h、3 h、5 h、7 h、9 h、11 h、

23 h、25 h、30 h、36 h、55 h、72 h 时,取水样 0.2 mL,测试水样中龙胆紫和亚甲基蓝的浓度。每个水样测试三次,取平均值,作为此时水样的浓度。按照式(2.2)计算 FB-mZVI 对龙胆紫和亚甲基蓝的吸附量 Q_t(mg/g),按照式(2.3)计算 FB-mZVI 对水样中龙胆紫和亚甲基蓝的去除率 R(%)。

(7) FB-mZVI 对水样中龙胆紫和亚甲基蓝的吸附等温线

采用龙胆紫和亚甲基蓝标准贮备液和去离子水,配制初始浓度分别为 50 mg/L、100 mg/L、200 mg/L、400 mg/L、600 mg/L、800 mg/L、1 000 mg/L 的溶液,放置于 250 mL 锥形瓶中。准确称取 0.6 g FB-mZVI 吸附材料,放入每个锥形瓶后,置于水浴恒温振荡器中,设置温度分别为 30 ℃、40 ℃、50 ℃。至预期的反应时间,分别取 0.2 mL 龙胆紫和亚甲基蓝水样,采用分光光度法测试龙胆紫和亚甲基蓝的浓度,按照式(2.2)计算龙胆紫和亚甲基蓝的吸附量。

2.2.4 FB-mZVI 对废水中重金属铬的去除

采用重铬酸钾配制铬标准贮备液,添加去离子水配制不同初始浓度的铬溶液。配制 0.1 mol/L NaOH 和 0.1 mol/L HCl 来调节重金属铬溶液的 pH。样品放置于水浴恒温振荡器中,设置不同的反应温度,分别研究不同反应时间、初始浓度、初始 pH、反应温度及吸附材料投加量对铬去除的影响,以及吸附动力学和吸附等温线。

(1) 反应时间对铬的去除影响

配制 800 mg/L 的 Cr(Ⅵ)溶液 100 mL 于 250 mL 锥形瓶中。准确称取 0.6 g FB-mZVI 吸附剂,放入锥形瓶后,置于水浴恒温振荡器中,设置温度为 30 ℃。分别在反应时间为 0.5 min、1 min、3 min、5 min、10 min、15 min、30 min、60 min、90 min、120 min、240 min、360 min、480 min、1 440 min、1 560 min、1 680 min、1 920 min、2 160 min、2 880 min、4 320 min 时,取水样 0.2 mL,测试水样中 Cr(Ⅵ)、Cr(总)和 Cr(Ⅲ)的浓度。按照式(2.2)和式(2.3)分别计算 Cr 的吸附量和去除率。

(2) 初始浓度对铬的去除影响

采用 Cr(Ⅵ)标准贮备液和去离子水,配制初始浓度分别为 50 mg/L、100 mg/L、200 mg/L、400 mg/L、600 mg/L、800 mg/L、1 000 mg/L 的溶液 100 mL,放置于 250 mL 锥形瓶中。准确称取 0.6 g FB-mZVI 吸附剂,放入每个锥形瓶后,置于水浴恒温振荡器中,设置温度为 30 ℃。在一定反应时间后,取水样 0.2 mL,测试水样中 Cr(Ⅵ)、Cr(总)和 Cr(Ⅲ)的浓度。按照式(2.2)和式(2.3)分别计算 Cr 的吸附量和去除率。

（3）吸附材料投加量对铬的去除影响

分别取 800 mg/L 的 Cr(Ⅵ)溶液 100 mL 于 5 个 250 mL 锥形瓶中。分别称取 0.2 g、0.4 g、0.6 g、0.8 g、1.0 g 的 FB-mZVI 吸附材料，放置于锥形瓶中，置于水浴恒温振荡器中，设置温度为 30 ℃。在一定的反应时间后，分别取水样 0.2 mL，测试水样中 Cr(Ⅵ)、Cr(总)和 Cr(Ⅲ)的浓度。按照式(2.2)和式(2.3)分别计算 Cr 的吸附量和去除率。

（4）初始 pH 对铬的去除影响

分别取 800 mg/L 的 Cr(Ⅵ)溶液 100 mL 于 5 个 250 mL 锥形瓶中，采用 0.1 mol/L NaOH 或 0.1 mol/L HCl 调节重金属铬溶液 pH 分别为 2.0、4.0、6.0、8.0 和 10.0。准确称取 0.6 g FB-mZVI 吸附材料，放入每个锥形瓶中，置于水浴振荡器中，设置温度为 30 ℃。在一定的反应时间后，分别取水样 0.2 mL，测试水样中 Cr(Ⅵ)、Cr(总)和 Cr(Ⅲ)的浓度。按照式(2.2)和式(2.3)分别计算 Cr 的吸附量和去除率。

（5）反应温度对铬的去除影响

分别取 800 mg/L 的 Cr(Ⅵ)溶液 100 mL 于 4 个 250 mL 锥形瓶中，准确称取 0.6 g FB-mZVI 吸附材料，放入每个锥形瓶中，置于水浴振荡器中，分别设置温度为 30 ℃、40 ℃、50 ℃、60 ℃，在一定的反应时间后，分别取水样 0.2 mL，测试水样中 Cr(Ⅵ)、Cr(总)和 Cr(Ⅲ)的浓度。按照式(2.2)和式(2.3)分别计算 Cr 的吸附量和去除率。

（6）FB-mZVI 对水样中铬的吸附动力学

采用 Cr(Ⅵ)标准贮备液和去离子水，配制初始浓度分别为 50 mg/L、100 mg/L、200 mg/L、400 mg/L、600 mg/L、800 mg/L、1 000 mg/L 的溶液，放置于 250 mL 锥形瓶中。准确称取 0.6 g FB-mZVI 吸附材料，放入每个锥形瓶后，置于水浴振荡器中，设置温度分别为 30 ℃、40 ℃、50 ℃。在反应时间为 0.5 min、1 min、3 min、5 min、10 min、15 min、30 min、60 min、90 min、120 min、240 min、360 min、480 min、1 440 min、1 560 min、1 680 min、1 920 min、2 160 min、2 880 min、4 320 min 时，取水样 0.2 mL，测试水样中 Cr(Ⅵ)、Cr(总)和 Cr(Ⅲ)的浓度。每个水样测试三次，取平均值，作为此时水样的浓度。按照式(2.2)计算 FB-mZVI 对铬的吸附量 Q_t(mg/g)，按照式(2.3)计算 FB-mZVI 对水样中铬的去除率 R(%)。

（7）FB-mZVI 对水样中铬的吸附等温线

采用 Cr(Ⅵ)标准贮备液和去离子水，配制初始浓度分别为 50 mg/L、100 mg/L、200 mg/L、400 mg/L、600 mg/L、800 mg/L、1 000 mg/L 的溶液，放置于 250 mL 锥形瓶中。准确称取 0.6 g FB-mZVI 吸附材料，放入每个锥形瓶后，置于水浴振荡器中，设置温度分别为 30 ℃、40 ℃、50 ℃、60 ℃。至预期的反应时间,分别取 0.2 mL 水样,采用分光光度法测试 Cr(Ⅵ)的浓度,采用原子吸收法测试 Cr(总)的浓度。按照式(2.2)计算铬的吸附量。

2.2.5　FB-mZVI 对混合废水中三种污染物质的去除

采用重铬酸钾配制铬标准贮备液,采用龙胆紫和亚甲基蓝配制标准贮备液。通过加入不同体积的去离子水配制不同初始浓度的龙胆紫、亚甲基蓝和重金属铬的溶液。配制 0.1 mol/L NaOH 和 0.1 mol/L HCl,调整溶液至不同的初始 pH,样品放置于水浴恒温振荡器中设置不同的反应温度,分别研究不同初始浓度、初始 pH 和反应时间对染料(龙胆紫和亚甲基蓝)和重金属铬联合去除的效果,对吸附的机理进行分析,为 FB-mZVI 吸附材料在实际污染水体中的应用研究提供依据。

（1）初始 pH 对污染物去除的影响

取 20 mL 龙胆紫标准贮备液、20 mL 亚甲基蓝标准贮备液、20 mL 重金属铬标准贮备液,加入 40 mL 去离子水,配制龙胆紫、亚甲基蓝及重金属铬的浓度分别为 200 mg/L、200 mg/L、200 mg/L 的溶液 100 mL 于 250 mL 锥形瓶中。采用 0.1 mol/L NaOH 和 0.1 mol/L HCl 调节溶液 pH 分别为 2.0、4.0、6.0、8.0 和 10.0。准确称取 0.6 g FB-mZVI 吸附剂,放入每个锥形瓶中,置于水浴恒温振荡器中,设置温度为 30 ℃。在一定的反应时间后,分别取水样 0.2 mL 测试水样中龙胆紫、亚甲基蓝和 Cr(Ⅵ)的浓度,并按照式(2.2)和式(2.3)分别计算其吸附量和去除率。

（2）初始浓度对污染物去除的影响

采用龙胆紫和亚甲基蓝的标准贮备液,加入去离子水,配制浓度分别为 600 mg/L 的龙胆紫溶液和亚甲基蓝溶液各 100 mL,置于 250 mL 的锥形瓶中。然后分别添加 0.1 mol/L、0.3 mol/L、0.5 mol/L 的重金属铬。选用 0.1 mol/L NaOH 和 0.1 mol/L HCl 调节溶液 pH 为 4.0。准确称取 0.6 g FB-mZVI 吸附剂,放入每个锥形瓶后,置于水浴恒温振荡器中,设置温度为 30 ℃。在一定反应时间后,取水样 0.2 mL,测试水样中龙胆紫、亚甲基蓝和 Cr(Ⅵ)的浓度,并按照式(2.2)和式(2.3)分别计算其吸附量和去除率。

（3）反应时间对污染物去除的影响

取 20 mL 龙胆紫标准贮备液、20 mL 亚甲基蓝标准贮备液、20 mL 重金属铬标准贮备液,加入 40 mL 去离子水,配制龙胆紫、亚甲基蓝及重金属铬的浓度均为 200 mg/L 的溶液各 100 mL,置于 250 mL 锥形瓶中。选用 0.1 mol/L NaOH 和 0.1 mol/L HCl 调节溶液 pH 为 3.0。准确称取 0.6 g FB-mZVI 吸附剂,放入每个锥形瓶后,置于水浴恒温振荡器中,设置温度为 30 ℃。分别在反应时间为 0.5 min、1 min、3 min、5 min、10 min、15 min、30 min、60 min、90 min、120 min、240 min、360 min、480 min、1 440 min、1 560 min、1 680 min、1 920 min、2 160 min、2 880 min、4 320 min 时,取水样 0.2 mL,测试水样中龙胆紫、亚甲基蓝和 Cr(Ⅵ)的浓度,并采用式(2.2)和式(2.3)分别计算其吸附量和去除率。

2.3　测试与分析方法

2.3.1　矿物中零价铁测试方法：三氯化铁浸出-重铬酸钾滴定法[132-134]

将 1.000 g 焙烧后产物加入 250 mL 锥形瓶里,量取 25 g/L FeCl₃ 溶液 50 mL 置于锥形瓶中,塞紧瓶口,在磁力搅拌器上搅拌 15 min,设置转速大小为 1 100 r/min。过滤分离溶液与残渣,并用蒸馏水洗净锥形瓶及残渣 4～5 次,弃去残渣,向滤液中加入 15 mL 硫酸和磷酸的混酸,加水稀释到 100 mL,然后加 5 滴 5 g/L 的二苯胺磺酸钠指示剂,最后利用重铬酸钾标准溶液滴加到颜色呈蓝紫色,即为滴定终点。根据重铬酸钾标准溶液消耗的体积,由下式计算零价铁的质量：

$$m_1 = \frac{2M_1 c V}{1\ 000} \tag{2.4}$$

式中：c ——重铬酸钾标准溶液的浓度(mol/L)；

V ——重铬酸钾标准溶液的体积(mL)；

M_1 ——铁的摩尔质量(g/mol)。

根据计算所得零价铁的质量,由下式计算还原产率：

$$\eta = \frac{M_2 m_1}{2M_1 m_2 w} \times 100\% \tag{2.5}$$

式中：η ——还原产率(%)；

m_1 ——零价铁的质量(g)；

m_2 ——铁矿石尾矿的质量(g)；

M_1——铁的摩尔质量(g/mol);

M_2——Fe_2O_3 的摩尔质量(g/mol);

w ——铁矿石尾矿中 Fe_2O_3 质量分数(%)。

2.3.2 水溶液中龙胆紫浓度测试

(1)龙胆紫标准贮备液

称取在 110 ℃干燥 2 h 的龙胆紫 1 g,用去离子水溶解后,移入 1 000 mL 容量瓶中,用去离子水稀释至标线,摇匀。此溶液中龙胆紫浓度为 1 000 mg/L。

(2)龙胆紫标准溶液

量取 5 mL 龙胆紫标准贮备液置于 500 mL 容量瓶中,用水稀释至标线,摇匀。此溶液中龙胆紫的浓度为 10 mg/L。

(3)龙胆紫标准曲线绘制

向一系列 50 mL 比色管中分别加入龙胆紫标准溶液 0 mL、0.2 mL、0.5 mL、1.0 mL、2.0 mL、4.0 mL、6.0 mL、8.0 mL、10 mL,用去离子水稀释至标线,摇匀。5~10 min 后,在 582 nm 波长处,用 30 mm 的比色皿,以水做参比,测定吸光度,绘制龙胆紫浓度与吸光度的标准曲线。

(4)水样中龙胆紫的测试

取 0.2 mL 水样至 25 mL 比色管中,用去离子水稀释至标线,摇匀。5~10 min 后,在 582 nm 波长处,用 30 mm 的比色皿,以水做参比,测定吸光度。然后将吸光度代入龙胆紫标准曲线中,计算其浓度。

2.3.3 水溶液中亚甲基蓝浓度测试

(1)亚甲基蓝标准贮备液

称取在 110 ℃干燥 2 h 的亚甲基蓝 1 g,用去离子水溶解后,移入 1 000 mL 容量瓶中,用去离子水稀释至标线,摇匀。此溶液中亚甲基蓝浓度为 1 000 mg/L。

(2)亚甲基蓝标准溶液

量取 5 mL 亚甲基蓝标准贮备液置于 500 mL 容量瓶中,用水稀释至标线,摇匀。此溶液中亚甲基蓝的浓度为 10 mg/L。

(3)亚甲基蓝标准曲线绘制

向一系列 50 mL 比色管中分别加入亚甲基蓝标准溶液 0 mL、0.2 mL、0.5 mL、

1.0 mL、2.0 mL、4.0 mL、6.0 mL、8.0 mL、10 mL，用去离子水稀释至标线，摇匀。5～10 min 后，在 664 nm 波长处，用 30 mm 的比色皿，以水做参比，测定吸光度，绘制亚甲基蓝浓度与吸光度的标准曲线。

（4）水样中亚甲基蓝的测试

取 0.2 mL 水样至 25 mL 比色管中，用去离子水稀释至标线，摇匀。5～10 min 后，在 664 nm 波长处，用 30 mm 的比色皿，以水做参比，测定吸光度。然后将吸光度代入亚甲基蓝标准曲线中，计算其浓度。

2.3.4 水溶液中重金属铬浓度测试

（1）六价铬标准曲线绘制

向一系列 50 mL 比色管中分别加入 Cr 标准溶液 0 mL、0.2 mL、0.5 mL、1.0 mL、2.0 mL、4.0 mL、6.0 mL、8.0 mL、10 mL，用去离子水稀释至标线。然后加入 0.5 mL 硫酸溶液（体积比为 1∶1）和 0.5 mL 磷酸溶液（体积比为 1∶1），摇匀。加入 2 mL 显色剂（二苯碳酰二肼与酒精质量体积比 5∶1，单位为 g/L），摇匀。5～10 min 后，在 540 nm 波长处，用 30 mm 的比色皿，以水做参比，测定吸光度，绘制六价铬浓度与吸光度的标准曲线。

（2）水样中六价铬的测定

取 0.2 mL 的水样，置于 50 mL 比色管中，用去离子水稀释至标线。加入 0.5 mL 硫酸溶液（体积比为 1∶1）和 0.5 mL 磷酸溶液（体积比为 1∶1），摇匀。加入 2 mL 显色剂（二苯碳酰二肼与酒精质量体积比 5∶1，单位为 g/L），摇匀。5～10 min 后，在 540 nm 波长处，用 30 mm 的比色皿，以水做参比，测定吸光度。根据六价铬浓度与吸光度的标准曲线，计算水样中 Cr(Ⅵ) 的浓度。

（3）水体中总铬及三价铬的测试方法

水样中总铬浓度的测试采用原子吸收分光光度法（Varian Spectra 220FS Apparatus）。水样中三价铬浓度测试方法为：同一水样中总铬的浓度与六价铬浓度的差值即为水样中三价铬的浓度。

2.3.5 材料的表征测试

2.3.5.1 元素分析

原材料经破碎研磨、过 80 目筛后，置于烘箱内 60 ℃烘干 24 h，测试其成分。元素分析包括构成有机基团的 C、H、N、O 等元素及金属元素的分析。本研究中原材料的 C、H、N、O 等元素的分析采用的是元素分析仪,金属元素的分析采用的是 X 射线荧光光谱仪。

2.3.5.2 比表面积和孔径分布的表征

FB-mZVI 和 GAC 放于烘箱 60 ℃烘干 24 h 后,采用全自动比表面和孔径分析仪测试其比表面积和孔径分布。

2.3.5.3 扫描电子显微镜表征

(1)选取直径 5 cm 的圆柱形模具,用去离子水清洗 5 次后,用脱膜剂清洗后,擦干。

(2)取环氧树脂 3 g、环氧树脂硬化剂 1.5 g 缓慢加入 50 mL 小烧杯中,慢慢搅拌 10 min,混匀,防止出现气泡。

(3)将少量混合溶液倒入模具中,在模具底部铺均匀。放入 FB-mZVI 和 GAC 样品,在模具底部铺均匀。

(4)将剩余的液体倒入模具,将标签纸放于表层,静置 3 天后,样品制备完成。

(5)选取 600 目和 320 目的细砂纸,抛光,至待测样品表层漏出且光滑后,用去离子水清洗后风干,即可用于测试材料的 SEM 和 EDX 分析。

2.3.5.4 X 射线衍射表征

FB-mZVI 和 GAC 研磨至 200 目,分别取 5 g 待测样品于 60 ℃烘干 24 h 后,采用 X 射线衍射仪(Bruker, D8 Advance Davinci, $\lambda_{Cu}=1.540\ 6\text{Å}$),测试其化学成分。

2.3.5.5 等电点(IEP)测试

等电点采用 Zeta 电位分析仪(Colloidal Dynamics, Zeta Probe™)测试。12 g 研磨至 80 目的 FB-mZVI 和 GAC 溶解到 200 mL 质量分数为 5‰的 NaCl 水溶液(离子强度为 5.0 mm)中。在不同的 pH 条件下测试其 Zeta 电位,以 pH 为横轴,以 Zeta 电位为纵轴,绘制 Zeta 电位曲线,确定等电点。

2.3.5.6 红外光谱表征

首先,称取烘干的溴化钾粉末 0.5 g,倒入玛瑙研钵中研磨 10 min,通过 2 μm 的筛网后,放入压片磨具中压片,之后装入样品池,扫描背景谱图,保存至电脑中。

然后,称取烘干的待测样品 0.005 g 放入研钵中,加入 0.5 g 溴化钾粉末混匀,倒入玛瑙研钵中研磨 10 min,通过 2 μm 的筛网后,放入压片模具中压片,之后装入样品池,扫描背景谱图。

最后,将待测样品的扫描谱图与标准谱图相比较,确定待测样品的未知组分。

3   FB-mZVI 材料的制备及表征

采用固基直接还原铁技术，选取棕榈壳作为固态还原剂，研究反应温度、反应时间、还原剂量及升温速率对零价铁产量的影响，确定制备零价铁的最佳方法。然后添加粉煤灰和膨润土，设计正交实验，探究反应温度、反应时间及混合物的比例三个因素对 FB-mZVI 去除污染物效果的影响，从而确定 FB-mZVI 的最佳制备条件。

3.1   直接还原铁技术制备零价铁

3.1.1   反应温度的影响

直接还原铁技术包括气基还原铁和固基还原铁，前者是采用气体还原剂在高温条件下还原铁氧化物制备零价铁，后者是采用固态还原剂在高温条件下还原铁氧化物制备零价铁[135-136]。本研究中，选用棕榈壳作为固态还原剂，还原铁矿石尾矿中的铁氧化物制备零价铁。不同反应温度对还原率的影响如图 3.1 所示。由图 3.1 可知，反应温度从

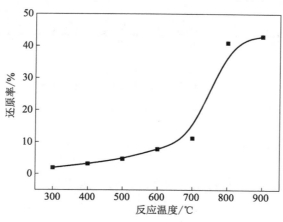

图 3.1   不同反应温度对还原率的影响

300 ℃升高到 700 ℃时,还原率随着反应温度的增加而增加,然而在此阶段,还原率的增加速率是非常缓慢的。当反应温度从 700 ℃增加到 800 ℃时,还原率快速增加,至反应温度达 800 ℃时,还原率逐渐达到平衡,平衡时还原产率为 42%。铁矿石尾矿中,铁主要以 Fe_2O_3 和 FeOOH 的形态存在。当反应温度低于 700 ℃时,还原率低于 10%,这主要是由于 FeOOH 转化为 Fe_2O_3[137]。当反应温度达到 700 ℃时,由 XRD 分析结果发现,磁铁矿(Fe_3O_4)出现,这主要是由于在此反应温度下赤铁矿(Fe_2O_3)开始转化成 Fe_3O_4。由于此还原铁的反应过程为吸热反应,因而更高的反应温度更容易满足此吸热反应需求的热量[138-139],进而导致还原率随着反应温度的增加而增加。当反应温度达到 800 ℃时,赤铁矿(Fe_2O_3)和磁铁矿(Fe_3O_4)开始转化成零价铁($2\theta = 44.9°$)[140-141],如图 3.2 所示,因而还原率增加至 42%。当反应温度达到 900 ℃时,还原率达到 44%,相比 800 ℃时还原率增加并不明显。因而,为了高效率地还原零价铁且降低还原制备零价铁的成本,选 800 ℃作最佳的反应温度来制备零价铁。

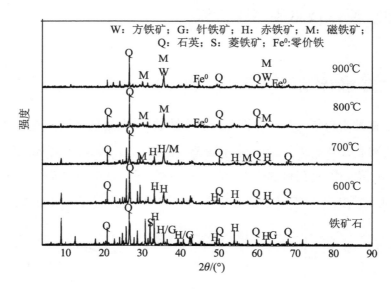

图 3.2 不同反应温度样品的 XRD 分析

3.1.2 反应时间的影响

直接还原铁工艺中,铁氧化物还原为零价铁的反应化学方程式如式(3.1)～式(3.3)所示[135,138,142]:

直接还原: $$C + Fe_xO_y \overset{\triangle}{=\!=\!=} Fe_xO_{y-1} + CO \tag{3.1}$$

非直接还原：
$$CO + Fe_xO_y \xrightarrow{\triangle} Fe_xO_{y-1} + CO_2 \qquad (3.2)$$

$$H_2 + Fe_xO_y \xrightarrow{\triangle} Fe_xO_{y-1} + H_2O \qquad (3.3)$$

在反应温度为 800 ℃时,研究不同的反应时间对还原率的影响。不同的反应时间(5 min、10 min、20 min、30 min、60 min、90 min、120 min、150 min)对还原率的影响结果如图 3.3 所示。由图 3.3 可知,当反应时间低于 30 min 时,还原率增加迅速,主要是由于棕榈壳中的有机物质(纤维素、半纤维素和木质素等)经生物质热解反应迅速裂解为 CO 和 H₂。生物质热解产生的 CO 和 H₂ 是还原反应中主要的还原剂[143],如式(3.1)～式(3.3)所示。当反应时间为 30 min 时,还原率达到最大值,因而,选择 30 min 作为最佳的反应时间。

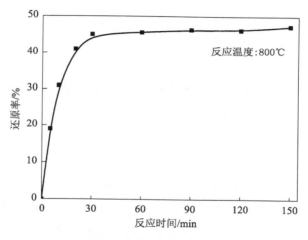

图 3.3 不同反应时间对还原率的影响

3.1.3 还原剂量的影响

在直接还原铁工艺中,还原剂的量是影响还原率的重要因素。不同质量比的棕榈壳和铁矿石尾矿(0.5∶1、0.75∶1、1∶1、1.25∶1、1.5∶1、2∶1)对还原率的影响结果如图 3.4 所示。当棕榈壳和铁矿石尾矿质量比为 1∶1 时,还原率达到最大值,这主要是因为此质量比时生物质热解产生的还原性气体浓度达到最高,有利于还原反应的进行[144]。生物热解反应产生的 CO 和 H₂ 为直接还原铁技术制备零价铁提供了一个更佳的还原环境。当棕榈壳和铁矿石尾矿质量比低于 1∶1 时,棕榈壳质量的增加促进了还原反应,主要是由于棕榈壳提供了更高的碳含量,增加了还原气体的产生,进而提高了铁矿石尾矿中铁氧化物的还原率。然而,当棕榈壳和铁矿石尾矿质量比高于 1∶1 时,棕榈壳含量的增加导致了还原率的降低,这可能是因为棕榈壳中过量的有机物(纤维素、半纤维素和木质素)引起了铁素体转化为渗碳体,从而导致了还原率的降低。因而,棕榈壳和铁矿石尾矿的最佳质量比为1:1。

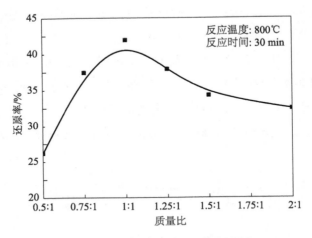

图 3.4　不同质量比对还原率的影响

3.1.4　升温速率的影响

升温速率是影响直接还原铁过程的一项重要的因素。本研究设置的升温速率分别为 2 ℃/min、4 ℃/min、6 ℃/min、8 ℃/min、10 ℃/min,不同升温速率对还原率的影响如图 3.5 所示。由图 3.5 可知,还原率随着升温速率的增加而增加。初始阶段,当升温速率自

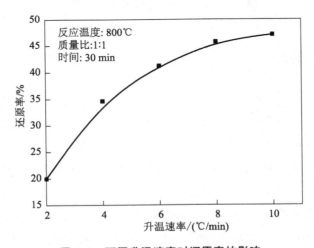

图 3.5　不同升温速率对还原率的影响

2 ℃/min 增加到 8 ℃/min 时,还原率增加迅速;当升温速率增加到 8 ℃/min 后,还原率随着升温速率的增加而逐渐达到平衡。当升温速率自 2 ℃/min 增加到 8 ℃/min 时,还原率增加迅速,主要是因为棕榈壳中的有机物质迅速转化成 CO 和 H_2,促进了还原反应的进行。当升温速率达到 10 ℃/min 时,还原率随升温速率的增加逐渐达到平衡且达到最大值 47%。因而,本研究中选择升温速率为 10 ℃/min 作为适宜的升温速率。

3.2　FB-mZVI 的制备

为确定制备 FB-mZVI 的最佳方法,基于直接还原铁技术制备零价铁的数据,采用正交设计助手,设计 3×3 正交实验,实验设计如表 3.1 所示[145]。其中温度设置为 800 ℃、850 ℃、900 ℃,粉煤灰、棕榈壳、铁矿石尾矿和膨润土的质量比设置为 1∶1.5∶1∶1、2∶2∶1∶1 和 3∶2.5∶1∶1,反应时间设置为 10 min、30 min、60 min。各因素对 FB-mZVI 对龙胆紫的去除结果的影响如表 3.2 所示。

表 3.1　正交实验因素及水平设计

水平	因素		
	温度/℃	比例*	反应时间/min
1	800	1∶1.5∶1∶1	10
2	850	2∶2∶1∶1	30
3	900	3∶2.5∶1∶1	60

* 粉煤灰、棕榈壳、铁矿石尾矿、膨润土质量比。

采用正价设计助手设计制备嵌布式零价铁多孔吸附反应材料的影响因素。采用极差分析和方差分析方法,研究各因素对制备嵌布式零价铁多孔吸附反应材料的影响,结果如表 3.2 所示。极差值和 F 值越高,表明这个因素具有更大的影响力,是对嵌布式零价铁多孔吸附反应材料制备的更大的影响因素[140]。如表 3.3 所示,对比各影响因素的极差值和 F 值,影响嵌布式零价铁多孔吸附反应材料制备的影响因素为反应时间>反应温度>粉煤灰、棕榈壳、铁矿石尾矿和膨润土的质量比。反应时间是影响制备嵌布式零价铁多孔吸附反应材料制备的最重要的因素。K 值从 K_1 到 K_3 依次降低,K 值越高,代表对龙胆紫的去除率越高,代表此因素对嵌布式零价铁多孔吸附反应材料的制备影响越大[140]。例如温度，K_1 是三个温度中的最高值，因此 800 ℃ 是最佳的反应温度。K 值的变化表明龙胆紫的去除率随着反应温度和反应时间的升高而降低。同时，K_2 是比例影响因素中的最高值，表明当粉煤灰、棕榈壳、铁矿石尾矿和膨润土的质量比为 2∶2∶1∶1 时，是制备嵌布式零价铁多孔吸附反应材料的最佳比例。因此，制备嵌布式零价铁多孔吸附反应材料以去除水体中的龙胆紫的最佳条件是：温度选择 800 ℃，反应时间选择 10 min，同时粉煤灰、棕榈壳、铁矿石尾矿和膨润土的质量比为 2∶2∶1∶1。

表 3.2　正交实验设计及 3 因素 3 水平实验结果

	因素			
	温度/℃	比例*	反应时间/min	去除率/%
1	800	1∶1.5∶1∶1	10	91.45
2	800	2∶2∶1∶1	30	74.8
3	800	3∶2.5∶1∶1	60	68.75
4	850	1∶1.5∶1∶1	30	61
5	850	2∶2∶1∶1	60	55.65
6	850	3∶2.5∶1∶1	10	95.85
7	900	1∶1.5∶1∶1	60	41.8
8	900	2∶2∶1∶1	10	93.4
9	900	3∶2.5∶1∶1	30	52.45
K_1	235.00	194.25	280.70	
K_2	212.50	223.85	188.25	
K_3	187.65	217.05	166.20	
K_1^2	55 225.00	37 733.06	78 792.49	$T=635.15$
K_2^2	45 156.25	50 108.82	35 438.06	$T^2=403\,415.52$
K_3^2	35 212.52	47 110.70	27 622.44	$P=44\,823.95$
Q	45 197.92	44 984.19	47 284.33	
S_A	373.98	160.25	2 460.38	

*粉煤灰、棕榈壳、铁矿石尾矿、膨润土质量比。

表 3.3 正交实验结果的极差分析和方差分析

因素	极差分析				方差分析			
	K_1	K_2	K_3	极差 R	S_A	自由度	F 检验值	F 检验临界值
反应温度/℃	235.00	212.50	187.65	47.35	373.98	2	4.02	$F_{0.05}(2, 2)=19.00$
比例*	194.25	223.85	217.05	29.60	160.25	2	1.72	$F_{0.10}(2, 2)=9.00$
反应时间 /min	280.70	188.25	166.20	114.50	2 460.38	2	26.43	

* 粉煤灰、棕榈壳、铁矿石尾矿、膨润土质量比。

3.3 吸附材料的表征结果分析

根据前一章节确定的最佳制备条件下制备出的嵌布式零价铁多孔吸附反应材料以 FB-mZVI 命名。仅添加粉煤灰和膨润土,且与 FB-mZVI 具有相同的比例,而未添加棕榈壳和铁矿石尾矿的混合材料,经过成型后在相同的焙烧温度和反应时间的条件下制备的吸附材料命名为 FB。与 FB-mZVI 具有相同的原材料组成、比例、反应时间,而焙烧的温度设置为 700 ℃,制备出的吸附材料命名为 FB-IO。如下所有材料的表征均以此命名为准。

3.3.1 不同材料的 XRD 表征

FB、FB-IO 和 FB-mZVI 三种吸附材料的 XRD 图见图 3.6。由图中可以看出,相比较 FB 和 FB-IO,FB-mZVI 吸附材料在 $2\theta=44.765°$、$65.166°$ 和 $82.531°$ 处有明显的衍射峰,这表明零价铁颗粒已经负载在吸附材料上面。同时,由图 3.6(b)可以看出,FB-IO 在 $2\theta=44.765°$、$65.166°$ 和 $82.531°$ 处没有明显的衍射峰,而在 $2\theta=30.184°$、$33.145°$、$35.596°$、$49.464°$、$54.079°$ 和 $62.474°$ 处出现了明显的衍射峰,表明在 FB-IO 材料中主要存在 Fe_2O_3 和 Fe_3O_4,存在很少量的零价铁。这主要是由于焙烧温度为 700 ℃ 时,铁矿石中铁的氧化物并没有很好地转化成零价铁附着在材料上。图 3.6(a) 的材料是仅由粉煤灰和膨润土制备而成的,最主要的化学物质为 SiO_2、$CaCO_3$ 和 Al_2O_3 等。

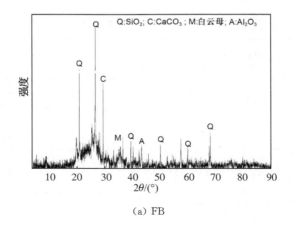

(a) FB

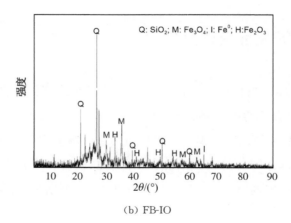

(b) FB-IO

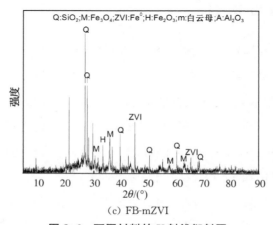

(c) FB-mZVI

图 3.6　不同材料的 X 射线衍射图

3.3.2 BET 分析

比表面积是反映吸附材料吸附能力的一项重要指标,该指标由全自动比表面和孔径分析仪测定,实验结果如表 3.4 和图 3.7 所示。由表 3.4 可以看出,FB-mZVI 的比表面积是 212.42 m^2/g,明显高于 FB 的 95.32 m^2/g,这主要是由于在高温条件下棕榈壳中的有机物质(纤维素、半纤维素和木质素)在生物热解反应产生 CO 和 H_2 的过程中会产生大量的孔[146]。同时粉煤灰中的含碳颗粒在高温条件下进一步失氧,有助于孔的形成。FB-IO 的比表面积是 136.85 m^2/g,明显低于 FB-mZVI 的比表面积,可见焙烧温度对棕榈壳的生物热解和棕榈壳还原铁矿石尾矿具有明显的影响作用。

表 3.4 FB、FB-IO 和 FB-mZVI 吸附材料的表征参数

样品	$S_{BET}/(m^2/g)$	$S_{Micro}/(m^2/g)$	$R_p/Å$	抗压强度/MPa
FB	95.32	40.22	13.78	7.2
FB-IO	136.85	76.32	7.49	8.5
FB-mZVI	212.42	112.77	7.47	9.3

图 3.7 为 FB、FB-IO 和 FB-mZVI 三种吸附材料的氮吸附-脱附曲线图。可以看出,三种吸附材料的等温吸附-脱附曲线均属于 Ⅳ 型等温吸附曲线,该类等温吸附-脱附曲线的变化趋势表明,样品中的孔隙以介孔为主,并有一定比例的微孔存在[147-148]。

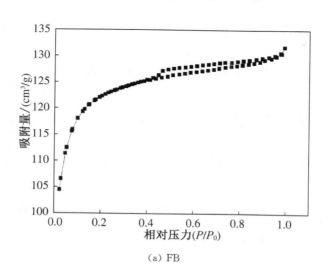

(a) FB

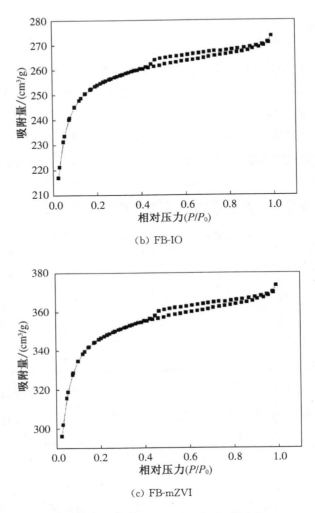

(b) FB-IO

(c) FB-mZVI

图 3.7　吸附材料的氮吸附-脱附曲线图

3.3.3　扫描电子显微镜分析

　　FB、FB-IO 和 FB-mZVI 三种吸附材料的形貌和元素分析分别采用 SEM 和 EDX 进行分析,其 SEM 和 EDX 图像如图 3.8 所示。图 3.8(b)为 FB-IO 的 SEM 和 EDX 分析。对比图 3.8(b)和(c)可知,FB-IO 表层并未附着存在零价铁,而是存在铁的氧化物,可见当灼烧温度为 700 ℃时,直接还原铁技术并未还原产生零价铁。同时结合 3.8(b)SEM 的图像,可以看出 FB-IO 的表面也未有大量的孔存在。因而 FB-IO 在正交实验中并未作为最佳材料的制备条件。

由图 3.8(a)和(c)对比,可以看出 FB-mZVI 含有大量的孔,这些孔是由棕榈壳中的有机物质(纤维素、半纤维素和木质素)在生物热解反应产生 CO 和 H₂ 的过程中产生的[146]。同时从图 3.8(c)可以看出,粉煤灰和膨润土的存在降低了零价铁的团聚现象,进一步增加了吸附材料的比表面积。结合图 3.8(c)的 EDX 分析可知,在 FB-mZVI 吸附材料的表层附着零价铁,且在其表面上均匀分布,并未发生团聚现象。

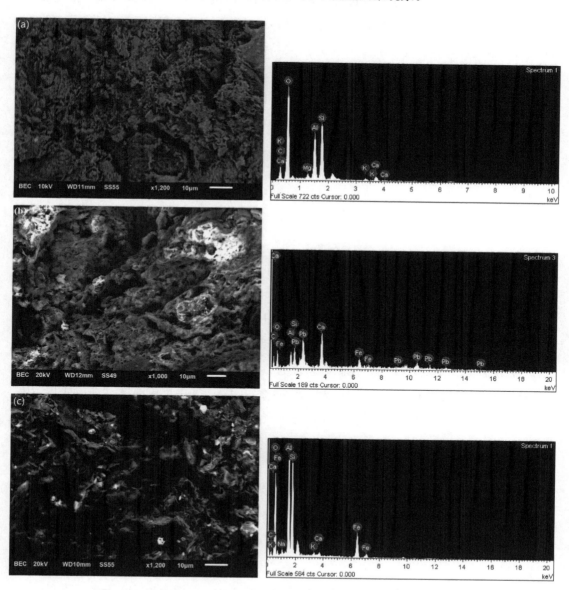

图 3.8 样品的 SEM 和 EDX 图像[(a) FB; (b) FB-IO; (c) FB-mZVI]

3.3.4 抗压强度测试

采用抗压强度试验机测试 FB、FB-IO 和 FB-mZVI 三种吸附材料的抗压强度,实验结果如表 3.4 所示。吸附材料的抗压强度是其应用于水体净化中的一项重要的研究指标。抗压强度高的吸附材料在水处理过程中,不会因为水体流速快或者水体环境剧烈变化而出现破裂或者散失等情况。同时在吸附完成后,相对于粉末状的吸附材料,具高抗压强度的吸附材料能够较容易地从水体中回收,且容易再生,实现重复利用。

由表 3.4 可知,与现有的吸附材料相比,FB、FB-IO 和 FB-mZVI 三种吸附材料皆具有较高的抗压强度[149],这主要是由于三种材料中皆添加了黏结剂膨润土,膨润土在灼烧后会表现出高的抗压强度。同时 FB-mZVI 的抗压强度为 9.3 MPa,明显高于 FB 的 7.2 MPa 和 FB-IO 的 8.5 MPa,可见零价铁的产生提高了材料的抗压强度。因而本研究所制备的 FB-mZVI 吸附材料具有较高的抗压强度,在水处理中将会有更广阔的应用前景。

3.4 本章小结

嵌布式零价铁多孔吸附反应材料是以膨润土为黏结剂,粉煤灰为骨料,棕榈壳为还原剂,与铁矿石尾矿充分混合,采用颗粒机挤压成型后干燥,采用直接还原铁工艺,经气氛烧结炉烧结而成。FB-mZVI 的最佳制备条件为:反应温度 800 ℃,反应时间 10 min,粉煤灰、棕榈壳、铁矿石尾矿、膨润土的质量比为 2∶2∶1∶1。其中反应温度、反应时间、还原剂量和升温速率对零价铁制备的影响如下:

(1) 反应温度从 300 ℃到 700 ℃,还原率随着反应温度的增加而增加,而此阶段还原率增加速率缓慢。反应温度从 700 ℃到 800 ℃,还原率快速增加,当反应温度达到 800 ℃时,还原率达到平衡。在反应温度为 800 ℃时,还原率为 42%。

(2) 当反应时间低于 30 min 时,还原率随着反应时间的增加而增加。当反应时间达到 30 min 时,还原率增加达到平衡,铁矿石尾矿中铁氧化物在反应时间为 30 min 时还原反应完全。

(3) 还原剂棕榈壳的量对零价铁制备的影响结果为:棕榈壳和铁矿石尾矿质量比为 1∶1 时,还原率达到最大值。

（4）还原率随着升温速率的增加而增加。当升温速率自 2 ℃/min 增加到 8 ℃/min 时,还原率增加迅速,升温速率增加到 8 ℃/min 后,还原率随着升温速率的增加而逐渐达到平衡。当升温速率达到 10 ℃/min 时,还原率达到最大值。

4 FB-mZVI 对龙胆紫和亚甲基蓝的去除

选取 FB-mZVI 来去除水体中的有机污染物质龙胆紫和亚甲基蓝。主要研究反应时间、初始浓度、吸附剂投加量、初始 pH 及反应温度对 FB-mZVI 去除龙胆紫和亚甲基蓝去除率及吸附量的影响。基于上述实验,进一步研究其吸附动力学及吸附等温线,从而为研究其吸附去除龙胆紫和亚甲基蓝的机理提供理论依据。

4.1 FB-mZVI 去除龙胆紫和亚甲基蓝的影响因素

4.1.1 初始 pH 对龙胆紫和亚甲基蓝去除的影响

在不同的初始 pH 条件下,FB-mZVI 对水体中龙胆紫和亚甲基蓝去除率的影响如图 4.1 所示。由图 4.1 可知,龙胆紫和亚甲基蓝的去除率在 pH 为 2.0 时最低。此时,龙胆紫和亚甲基蓝的吸附量分别为 28.82 mg/g 和 18.87 mg/g。当 pH 由 4.0 增加到 6.0 时,龙胆紫和亚甲基蓝的去除率不断增加,当 pH 为 6.0 时,龙胆紫和亚甲基蓝的去除率达到最大值。材料表层的带电情况会影响吸附剂和吸附质之间的静电力作用[150]。在水溶液中,龙胆紫和亚甲基蓝分别以 $C_{25}H_{30}N_3^+$ 和 $C_{16}H_{18}N_3S^+$ 的形态存在。当溶液 pH $<$ pH$_{PZC}$ 时,吸附材料表层带正电荷;当溶液 pH $>$ pH$_{PZC}$ 时,吸附材料表层带负电荷[36]。由图 4.2 可知,FB-mZVI 的 pH$_{PZC}$ 约为 7.0。因而,当溶液 pH 为 2.0 时,FB-mZVI 的表层带有正电荷。由于水溶液中龙胆紫和亚甲基蓝带有正电荷,因而龙胆紫和亚甲基蓝之间存在静电斥力,从而阻碍了龙胆紫和亚甲基蓝吸附到材料的表面。当 pH 增加时,静电阻力逐渐降低。当溶液 pH 达到 4.0 时,吸附材料与吸附质之间的静电斥力变得非常微弱。当溶液 pH 为 4.0～6.0 时,龙胆紫和亚甲基蓝的去除率达到最大值。此时,由于化学反应和吸附同时发生,因而导致龙胆紫和亚甲基蓝的去除率达到最大值。然而,当溶液 pH 达到 8.0 时,龙胆紫和亚甲基蓝的去除率降低,这主要是由于此时水溶液中的 OH$^-$ 可能会

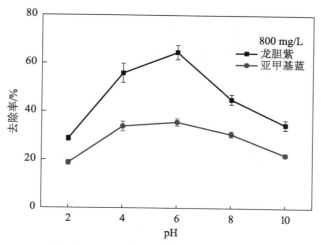

图 4.1　不同初始 pH 对龙胆紫和亚甲基蓝的去除率的影响

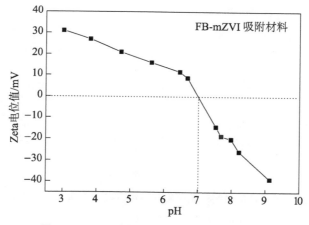

图 4.2　FB-mZVI 吸附材料的 Zeta 电位分析

与阳离子染料龙胆紫和亚甲基蓝发生中和作用,并且随着溶液 pH 的升高会进一步促进此中和作用[151]。因而,当 pH 大于 6 时,随着 pH 的增加,龙胆紫和亚甲基蓝的去除率反而降低。

4.1.2　反应时间对龙胆紫和亚甲基蓝去除的影响

反应时间是影响龙胆紫和亚甲基蓝去除的重要因素[152]。当反应温度为 50 ℃,龙胆紫和亚甲基蓝的初始浓度为 800 mg/L 时,不同反应时间下,FB-mZVI 吸附剂对水体中龙胆紫和亚甲基蓝的吸附量和去除率的影响如图 4.3 所示。

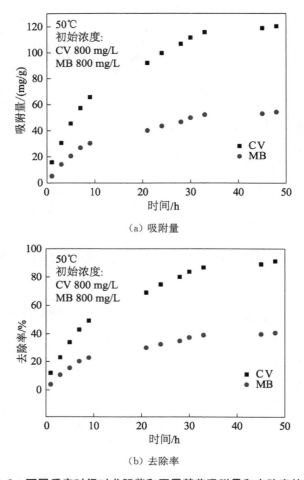

（a）吸附量

（b）去除率

图 4.3 不同反应时间对龙胆紫和亚甲基蓝吸附量和去除率的影响

由图 4.3（a）可知，在反应的初始阶段，龙胆紫和亚甲基蓝的吸附速率非常快，随着反应的进行，吸附速率逐渐降低，趋于平衡。当反应时间达到 33 h，亚甲基蓝的吸附量达到 52.2 mg/g，龙胆紫的吸附量达到 115.8 mg/g。由图 4.3（b）可知，龙胆紫的最大去除率达到 91.2%，而亚甲基蓝的最大去除率仅为 40.7%。

龙胆紫和亚甲基蓝在吸附反应前后的紫外可见吸光度随时间的变化如图 4.4 所示。由图 4.4（a）可知，龙胆紫在吸附反应后，紫外可见吸光度结果表明在 373 nm 处出现了一个新的吸收峰，表明龙胆紫在吸附反应后生成了新的化学物质。这主要是由于龙胆紫被 FB-mZVI 表层的零价铁还原，产生了新的物质。而由图 4.4（b）可知，亚甲基蓝的紫外可见吸光度随着反应时间的进行不断下降，表明亚甲基蓝在水溶液中的浓度逐渐下降，而未产生新的化学物质。

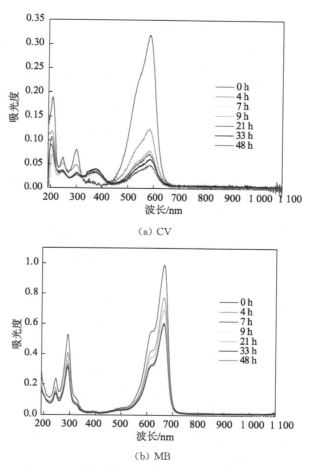

（a）CV

（b）MB

彩图链接

图 4.4　龙胆紫和亚甲基蓝吸光度随时间的变化

4.1.3　初始浓度对龙胆紫和亚甲基蓝去除的影响

初始浓度是影响龙胆紫和亚甲基蓝去除的重要因素。本研究中选取龙胆紫和亚甲基蓝的初始浓度为 100 mg/L、400 mg/L 和 800 mg/L，研究不同的初始浓度对龙胆紫和亚甲基蓝去除的影响，结果如图 4.5 所示。实验结果表明，在初始阶段，龙胆紫和亚甲基蓝的吸附速率较快，而随着反应的进行，吸附速率逐渐降低，最后趋于平衡。然而不同的初始浓度会导致不同的去除率。

由图 4.5 可知，随着初始浓度的增加，龙胆紫和亚甲基蓝的去除率逐渐降低，吸附达到平衡的时间也相应地增长。当龙胆紫和亚甲基蓝的初始浓度为 100 mg/L 时，吸附达到平衡的时间约是 28 h，龙胆紫的去除率为 94.4%，亚甲基蓝的去除率达 86%。当龙胆紫和亚甲基蓝的初始浓度为 800 mg/L 时,吸附达平衡的时间最长,并且去除率也最低。这主要是由于大量的龙胆紫和亚甲基蓝分子趋于 FB-mZVI 吸附材料的表层,导致大量的零价铁被快速氧化,降低了零价铁的反应活性[140],因而龙胆紫和亚甲基蓝的去除速率逐渐降低。初始浓度升高,导致吸附剂表层大量的孔被占据,相应的可吸附活性点位降低。

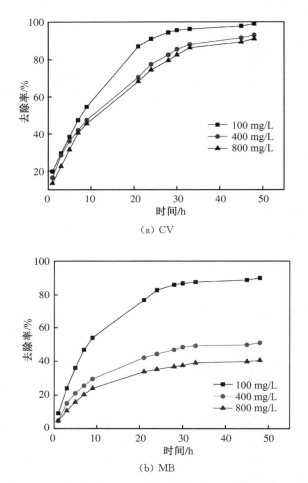

（a）CV

（b）MB

图 4.5　不同初始浓度对龙胆紫和亚甲基蓝去除率的影响

4.1.4　反应温度对龙胆紫和亚甲基蓝去除的影响

反应温度是影响龙胆紫和亚甲基蓝去除的重要因素。本研究中选取龙胆紫和亚甲基蓝的初始浓度为 800 mg/L,研究不同的反应温度(30 ℃、40 ℃、50 ℃)对龙胆紫和亚甲基蓝去除率的影响,结果如图 4.6 所示。实验结果表明,不同的反应温度条件下,在反应的初始阶段,龙胆紫和亚甲基蓝的吸附速率较快,随着反应的进行,吸附速率逐渐降低,最后趋于平衡。然而不同的反应温度会导致龙胆紫和亚甲基蓝不同的吸附量。

由图 4.6 可知,随着反应温度的升高,龙胆紫和亚甲基蓝的吸附量逐渐增加,吸附达到平衡的时间变短。当反应温度为 30 ℃时,龙胆紫和亚甲基蓝的吸附量分别达到 58 mg/g 和 27 mg/g,吸附达到平衡的时间皆是 48 h。当反应温度为 50 ℃时,龙胆紫和亚甲基蓝的吸附量分别达到 85 mg/g 和 38 mg/g,吸附达到平衡的时间皆是 36 h。可见,温度升高有利于龙胆紫和亚甲基蓝的吸附量的提高,且有利于反应速率的提高。这主要是由于温度的升高有利于提高龙胆紫和亚甲基蓝的分子活性,促进其在水溶液中的扩散,从而缩短了龙胆紫和亚甲基蓝吸附达到平衡的时间。由于温度的升高导致龙胆紫和亚甲基蓝的吸附量大大增加,可见此吸附过程是吸热过程。

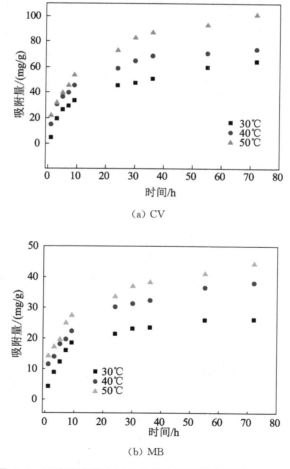

(a) CV

(b) MB

图 4.6　不同反应温度对龙胆紫和亚甲基蓝去除率的影响

4.1.5 吸附剂投加量对龙胆紫和亚甲基蓝去除的影响

吸附剂投加量也是影响水体中污染物质去除的一个重要因素。本研究中,FB-mZVI的投加量分别为 0.1 g、0.2 g、0.4 g、0.6 g、0.8 g、1.0 g、1.2 g。不同吸附剂投加量对龙胆紫和亚甲基蓝去除的影响如图 4.7 所示。由图 4.7 可知,随着吸附剂投加量的增加,龙胆紫和亚甲基蓝的去除率升高。这主要是由于吸附剂投加量的增加,导致 FB-mZVI 吸附剂存在更多的零价铁和更高的可吸附点位。当吸附剂投加量超过 0.6 g 时,龙胆紫和亚甲基蓝的去除率逐渐趋于平衡。此时,亚甲基蓝的去除率达到 45.1%,而龙胆紫的去除率高达 94.5%。这主要是因为污染水体中的龙胆紫和亚甲基蓝的分子数量是有限的,当吸附剂投加量过高时,大量的可吸附点位和零价铁不能得到有效的利用,因而随着吸附剂投加量的增加,龙胆紫和亚甲基蓝的去除并未逐渐增加,而是逐渐趋向于平衡。因此,为了提高吸附剂的利用效率且减少浪费,本研究中选取 0.6 g 作为最佳的吸附剂投加量。

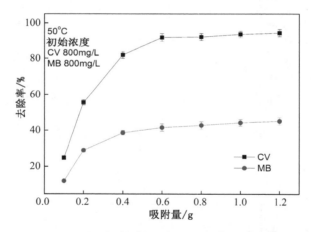

图 4.7　不同吸附剂投加量对龙胆紫和亚甲基蓝去除的影响

4.2　吸附动力学及吸附等温线

4.2.1　吸附动力学

参考前人对吸附材料的研究可知,吸附过程由不同的作用机制来控制,其中包括扩散控制、质量传递、化学反应和颗粒扩散等[153-155]。为了进一步研究 FB-mZVI 对水体中龙胆紫和亚甲基蓝的去除过程,本研究中选取一级动力学模型和二级动力学模型来拟合 FB-mZVI 对龙胆紫和亚甲基蓝的吸附数据。

如图 4.8 所示,FB-mZVI 对水体中龙胆紫和亚甲基蓝的去除,在吸附的初始阶段(吸附的前 9 h)非常迅速,这主要是由于吸附剂的表面存在大量的可吸附空白点位。随着反应的进行,吸附速率逐渐降低,这主要是由于吸附材料表层大量的可吸附点位已经被吸附质占据,因而引起吸附速率逐渐降低[156]。当吸附温度为 50 ℃时,反应时间自 24 h 到 72 h,亚甲基蓝的去除率增加非常缓慢,可见 FB-mZVI 对亚甲基蓝的去除在 24 h 时,吸附达到平衡,此时亚甲基蓝的吸附量达到 40.3 mg/g,去除率为 30.2%。同时,FB-mZVI 对龙胆紫的去除达到吸附平衡的时间为 30 h。与亚甲基蓝的吸附情况相似,龙胆紫的吸附速率在吸附初始阶段非常迅速,随着反应的进行,吸附速率逐渐降低。然而,龙胆紫的最大吸附量明显高于亚甲基蓝的,龙胆紫的最大吸附量达到 83.3 mg/g,去除率达到 62.5%。

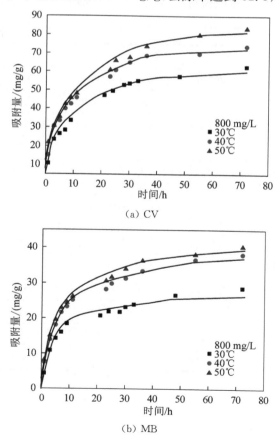

(a) CV

(b) MB

图 4.8　FB-mZVI 吸附材料吸附龙胆紫和亚甲基蓝的吸附量随时间变化关系

选取一级动力学模型和二级动力学模型，用来研究龙胆紫和亚甲基蓝的吸附量与反应时间之间的关系，分别按公式(4.1)和公式(4.2)计算。

$$\ln(Q_e - Q_t) = \ln Q_e - K_1 t \tag{4.1}$$

$$\frac{t}{Q_t} = \frac{1}{Q_e} t + \frac{1}{K_2 Q_e^2} \tag{4.2}$$

最佳动力学模型的选择是基于实验数据拟合出的相关性系数(r^2)和吸附平衡时的吸附量(Q_e)。FB-mZVI对水体中龙胆紫和亚甲基蓝的去除参数Q_e、K_1按照一级动力学模型中$\ln(Q_e - Q_t)$与t的线性相关来计算。Q_e和K_2按照二级动力学模型中t/Q_t和t的线性相关来计算，计算结果如表4.1所示。由表4.1的结果可知，对于二级动力学模型拟合的r^2，龙胆紫数据皆大于0.990 6，亚甲基蓝的数据皆大于0.991 9，可见，二级动力学模型能够更好地拟合龙胆紫和亚甲基蓝的实验数据和理论数据。由此可知，龙胆紫和亚甲基蓝的去除机制不仅包括物理吸附，而且包括化学吸附[140, 146, 157]。

表 4.1　FB-mZVI 的一级动力学、二级动力学和 Langmuir、Freundlich 吸附等温线参数

模型	参数	CV			MB		
		303 K	313 K	323 K	303 K	313 K	323 K
一级动力学模型	Q_e	57.63	65.82	74.65	24.99	33.47	35.42
	K_1	0.104	0.160	0.113	0.151	0.142	0.142
	r^2	0.944 6	0.929 9	0.868 7	0.897 3	0.910 8	0.895 5
二级动力学模型	Q_e	68.74	76.28	89.93	30.65	40.52	42.77
	K_2	0.001 8	0.002 5	0.001 4	0.004 3	0.003 6	0.003 5
	r^2	0.996 3	0.993 5	0.990 6	0.991 9	0.993 9	0.992 4
Langmuir 吸附等温线	Q_m	109.77	199.20	204.08	37.72	46.69	74.07
	b	0.003 3	0.002 3	0.002 7	0.006 8	0.008 1	0.005 1
	r^2	0.999 2	0.999 1	0.996 1	0.993 5	0.990 6	0.996 8
Freundlich 吸附等温线	n	1.835	1.713	1.487	1.805	2.159	2.223
	K_f	2.221	2.814	1.748	1.012	2.20 7	2.94 5
	r^2	0.963 2	0.940 2	0.971 5	0.995 9	0.979 7	0.957 1

4.2.2　还原动力学

基于上述实验结果及前人的研究发现，龙胆紫和亚甲基蓝被 FB-mZVI 去除包括两个阶

段,分别是吸附和化学还原[158-160]。还原动力学包括一级动力学和二级动力学。选用还原动力学研究龙胆紫和亚甲基蓝的去除机制。一级还原动力学计算公式如式(4.3)所示:

$$V = -\frac{dC}{dt} = K_{SA} a_s \rho_m C \tag{4.3}$$

式中:K_{SA} ——基于材料的比表面积(SSA)的反应速率常数$[L/(h \cdot m^2)]$;

　　　　a_s ——比表面积(m^2/g);

　　　　ρ_m ——质量浓度(g/L);

　　　　C ——污染物质在水溶液中的浓度(mg/L)。

在一个具体的化学反应中,K_{SA}、a_s 和 ρ_m 是固定的数值,因而可选用 $K_{obs}(h^{-1})$ 来代表这三个参数,如式(4.4)所示。同时,式(4.3)可以表示为式(4.5)。

$$K_{obs} = K_{SA} a_s \rho_m \tag{4.4}$$

$$\ln\frac{C}{C_0} = -K_{obs}t \tag{4.5}$$

式中:K_{obs} —— 一级反应动力学速率常数,可以采用 $\ln(C/C_0)$ 与 t 的线性关系斜率来计算(h^{-1}),C_0 为待测污染物在水体中的初始浓度(mg/L)。

二级反应动力学方程如式(4.6)所示[161]:

$$-\frac{dC}{dt} = kC^2 \tag{4.6}$$

对式(4.6)积分后,如式(4.7)所示:

$$\left(\frac{1}{C_t} - \frac{1}{C_0}\right) = kt \tag{4.7}$$

式中:C_t ——龙胆紫和亚甲基蓝在 t 时刻的浓度(mg/L);

　　　　C_0 ——龙胆紫和亚甲基蓝在水溶液中的初始浓度(mg/L);

　　　　k ——二级动力学方程的速率常数(h^{-1});

　　　　t ——反应时间(h)。

一级动力学方程和二级动力学方程的相关性系数 r^2 如表 4.2 所示。龙胆紫的一级动力学方程相关性系数皆高于 0.991 4,亚甲基蓝的一级动力学方程相关性系数皆高于 0.990 5,皆高于其二级动力学方程的相关性系数。表明一级动力学方程能够更好地描述 FB-mZVI 对水体中龙胆紫和亚甲基蓝的去除过程[162]。当龙胆紫和亚甲基蓝的初始浓度从 50 mg/L 增加到 1 000 mg/L 时，龙胆紫的 K_{obs} 值从 0.083 39 h^{-1} 降至 0.013 60 h^{-1}，同时，亚甲基蓝的 K_{obs} 值从 0.053 48 h^{-1} 降至 0.009 7 h^{-1}。这表明龙胆紫和亚甲基蓝的还原反应是在 FB-mZVI 的表层发生的固相和液相间的反应[163]，龙胆紫和亚甲基蓝的还原速率与吸附质的初始浓度及吸附剂（FB-mZVI）的表面活性点位相关。

同时，当反应温度从 303 K 增加至 323 K 时，龙胆紫和亚甲基蓝的 K_{obs} 逐渐增加。其中，当龙胆紫和亚甲基蓝的初始浓度为 400 mg/L 时，龙胆紫的 K_{obs} 值从 0.071 63 h^{-1} 增加至 0.082 66 h^{-1}，而亚甲基蓝的 K_{obs} 值从 0.016 44 h^{-1} 增加至 0.052 69 h^{-1}。这表明龙胆紫和亚甲基蓝的还原过程是吸热反应[164]。当温度升高时，会加剧龙胆紫和亚甲基蓝分子由液相转移到 FB-mZVI 表层的趋势，这与过去研究中甲基橙（MO）染料分子褪色时的过程相似[165]。

4.2.3 吸附等温线

等温线的数据一般称为吸附等温线，是研究多孔材料吸附过程的基础性研究。吸附等温线是一种研究吸附剂和吸附质之间的关系的重要方法。水体中的污染物质被固体多孔介质材料吸附的吸附等温线的研究主要是选用 Langmuir 吸附等温线模型和 Freundlich 吸附等温线模型，分别如式（4.8）和式（4.9）所示。

$$\frac{1}{Q_e} = \frac{1}{bQ_m} \cdot \frac{1}{C_e} + \frac{1}{Q_m} \tag{4.8}$$

$$Q_e = K_f C_e^{1/n} \tag{4.9}$$

Q_e：吸附平衡时的吸附量（mg/g）；

Q_m：最大吸附量（mg/g）；

b：Langmuir 模型吸附等温线常数；

C_e：吸附平衡时溶液中待测污染物的浓度（mg/L）；

K_f：Freundlich 模型吸附等温线常数；

n：经验常数，反应吸附能力。

龙胆紫和亚甲基蓝被 FB-mZVI 吸附的吸附等温线如图 4.9 所示。拟合数据如表 4.1 所示。由表 4.1 可知，Langmuir 吸附等温线模型拟合的 r^2 结果，龙胆紫数据皆大于 0.996 1，亚甲基蓝的数据皆大于 0.990 6，可见，Langmuir 吸附等温线模型能够更好地拟合龙胆紫和亚甲基蓝去除的实验数据和理论数据。由于 Langmuir 吸附等温线模型假设吸附材料的表面是均匀的且吸附是单分子层的反应,可见,FB-mZVI 表层的活性点位分布均匀,龙胆紫和亚甲基蓝的吸附是单分子层的吸附。

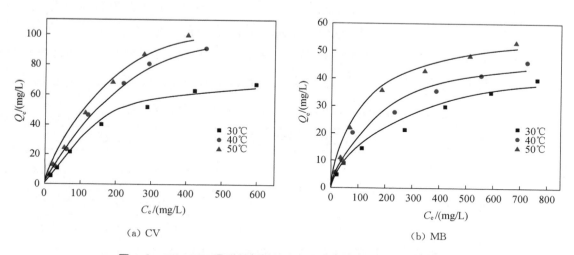

(a) CV   (b) MB

图 4.9　FB-mZVI 吸附材料吸附龙胆紫和亚甲基蓝的吸附等温线

表 4.2　FB-mZVI 吸附材料的一级动力学及二级动力学模型还原动力学参数

T /K	C /(mg/L)	一级动力学				二级动力学			
		龙胆紫		亚甲基蓝		龙胆紫		亚甲基蓝	
		r^2	K_{obs}/h^{-1}	r^2	K_{obs}/h^{-1}	r^2	K_{obs}/h^{-1}	r^2	K_{obs}/h^{-1}
303	50	0.996 1	0.083 39	0.990 5	0.053 48	0.937 5	0.004 54	0.975 4	0.001 95
	100	0.993 2	0.080 84	0.992 2	0.034 16	0.940 1	0.002 11	0.981 6	0.000 50
	200	0.992 6	0.076 72	0.994 4	0.023 51	0.945 0	0.000 95	0.978 5	0.000 15
	400	0.991 9	0.071 63	0.996 7	0.016 44	0.963 8	0.000 41	0.996 8	0.000 05
	800	0.997 5	0.018 19	0.997 0	0.012 07	0.996 5	0.000 03	0.990 5	0.000 02
	1 000	0.999 1	0.013 60	0.997 6	0.009 7	0.996 8	0.000 02	0.994 3	0.000 01
313	400	0.991 4	0.075 64	0.996 1	0.034 81	0.883 4	0.000 42	0.976 0	0.000 12
323	400	0.991 8	0.082 66	0.993 2	0.052 69	0.883 5	0.000 50	0.948 5	0.000 22

4.3　FB-mZVI 与其他吸附材料的吸附效果对比

FB-mZVI 对龙胆紫和亚甲基蓝的吸附量与前人研究的对比结果如表 4.3 所示。与其他的吸附材料相比,FB-mZVI 对龙胆紫和亚甲基蓝的去除具有更高的吸附量,这主要是由于 FB-mZVI 具有更大的比表面积,同时有大量的零价铁附着在此吸附材料的表层。再者,由于 FB-mZVI 具有磁性,且体积较大(直径:3 mm,长:20 mm),具有较强的机械强度,所以在处理完污染水体后,容易从受污染的水体中回收、分离及再生二次利用[166-167]。同时,制备 FB-mZVI 的原材料皆是废弃物,不仅制作成本较低,且有利于废弃物的资源化利用,充分实现了以废治废,对于环境保护和资源的充分利用具有重要的意义。

表 4.3　多种多孔介质材料对龙胆紫和亚甲基蓝的吸附量对比

吸附剂种类	吸附质	吸附量/(mg/g)	参考文献
基于 κ-carrageenan-g-poly 纳米复合材料	CV	28	文献[18](Gholami et al.,2016)
松果树树皮	CV	32.8	文献[161](Ahmad,2009)
棕榈壳纤维	CV	78.9	文献[162](El-Sayed,2011)
功能性的多壁纳米管	CV	91	文献[165](Sabna et al.,2016)
粉煤灰	MB	5.57	文献[168](Kumar et al.,2005)
黏土	MB	6.3	文献[169](Gürses et al.,2004)
聚乙烯/二氧化锰复合材料	MB	12	文献[170](Jamal et al.,2016)
猪粪生物炭	MB	25	文献[155](Lonappan et al.,2016)
Fe_3O_4/活化蒙脱石纳米复合材料	MB	80	文献[171](Chang et al.,2016)
嵌布式零价铁多孔吸附反应材料(FB-mZVI)	CV,MB	99.5,52.9	本研究

4.4　龙胆紫和亚甲基蓝的吸附机制

4.4.1　傅里叶红外光谱分析

图 4.10 是 FB-mZVI 吸附龙胆紫和亚甲基蓝前后的傅里叶红外光谱结果。苯环的吸收峰为 1 693 cm^{-1}、3 200 cm^{-1}。由图 4.10(a)可知,苯环在龙胆紫的粉末中和 FB-mZVI 吸附龙胆紫后皆有发现,可见龙胆紫已经吸附到了 FB-mZVI 的表层。然而 C═C 的吸收峰(3 134 cm^{-1}、1 647 cm^{-1})在 FB-mZVI 吸收龙胆紫后未曾发现。结合上述结论,证明龙

胆紫吸附到 FB-mZVI 后化学结构发生变化，C ＝C 发生了断裂，这与 Chen 等在 2013 年的研究发现相似[172]。FB-mZVI 吸附龙胆紫的去除机制包括龙胆紫吸附到 FB-mZVI 的表层，然后被 FB-mZVI 吸附剂表层的零价铁还原，导致 C ＝C 断裂。如图 4.10(b)所示，苯环(吸收峰 1 693 cm^{-1}、3 200 cm^{-1})在亚甲基蓝的粉末和 FB-mZVI 吸附亚甲基蓝后皆有发现，可见亚甲基蓝已经吸附到了 FB-mZVI 的表层。对比亚甲基蓝粉末，可知 C ＝N^{+}(CH$_3$)$_2$ 的吸收峰在 1 640～1 660 cm^{-1}[173]。由图 4.10(b)可知，亚甲基蓝中的 C ＝N^{+}(CH$_3$)$_2$ 在被 FB-mZVI 吸附后消失，表明亚甲基蓝中的 C ＝N^{+}(CH$_3$)$_2$ 被破坏。因而，进一步证明龙胆紫和亚甲基蓝被 FB-mZVI 的去除包括吸附和还原反应。

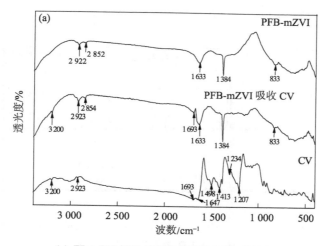

(a) FB-mZVI 材料、吸附龙胆紫后和龙胆紫粉末

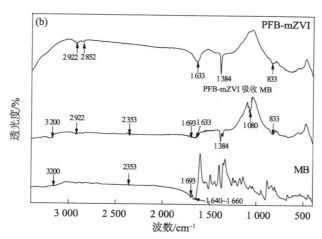

(b) FB-mZVI 材料、吸附亚甲基蓝后和亚甲基蓝粉末

图 4.10　FB-mZVI 吸附龙胆紫和亚甲基蓝前后的傅里叶红外光谱图

4.4.2 XRD 分析

FB-mZVI 在吸附龙胆紫和亚甲基蓝前后的 X 射线衍射图如图 4.11 所示。图 4.11(a) 是 FB-mZVI 在吸附污染物之前的 XRD 图像,在 $2\theta=44.90°$ 时有明显的吸收峰,表明零价铁的存在。然而在吸附龙胆紫和亚甲基蓝等污染物质之后,$2\theta=44.90°$ 的吸收峰明显减弱,表明零价铁参与了吸附过程的化学反应。$2\theta=35.68°$ 是 Fe_2O_3 的吸收峰,$2\theta=37.11°$ 是 Fe_3O_4 的吸收峰。图 4.11(b)、(c) 是 FB-mZVI 吸附龙胆紫和亚甲基蓝等污染物质后的 XRD 图像,Fe_2O_3 和 Fe_3O_4 在吸附反应后明显增强,表明零价铁在吸附反应过程中被污染物质氧化为 Fe_2O_3 和 Fe_3O_4[73]。

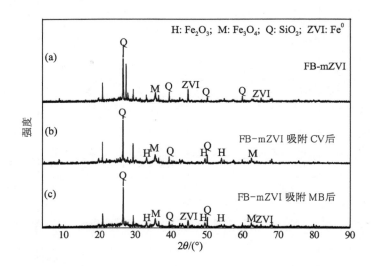

图 4.11　FB-mZVI 在吸附龙胆紫和亚甲基蓝前后的 X 射线衍射图[(a)吸附龙胆紫和亚甲基蓝前;(b)吸附龙胆紫后;(c)吸附亚甲基蓝后]

4.4.3 紫外可见分光光谱分析

龙胆紫和亚甲基蓝被 FB-mZVI 吸附后在不同反应时间的紫外可见分光光谱如图 4.12 所示。图 4.12(a)为龙胆紫溶液在不同反应时间的紫外可见分光光谱,图 4.12(b)为亚甲基蓝溶液在不同反应时间的紫外可见分光光谱。如图 4.12(a)所示,龙胆紫在被 FB-mZVI 吸附后,在 373 nm 处出现了一个新峰,表明龙胆紫经过吸附后出现了新的化学物质。如图 4.12(b)所示,亚甲基蓝在被 FB-mZVI 吸附后,随着吸附反应的进行,亚甲基蓝的特征吸收峰不断降低,却未出现新的吸收峰。结合傅里叶红外光谱测试结果可知,龙胆紫经吸附后,C＝C 发生断裂,进而转化成两个新的化学物质[172]。而亚甲基蓝经过吸附后,C＝N 转化成 C—N,进而转化成 MBH_2(亚甲基蓝还原态)[146],因而吸附反应后亚甲基蓝的分子结构并未发生明显的变化。而龙胆紫在被吸附后化学键断裂,转化成两个分子较小的化学物质,因而能够进入吸附材料更小的孔隙中,进一步解释了龙胆紫比亚甲基蓝具有较高的吸附率。

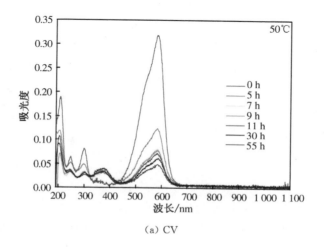

（a）CV

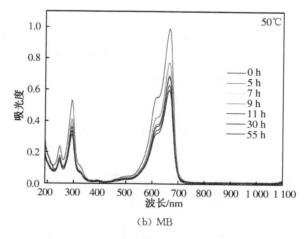

（b）MB

彩图链接

图 4.12　FB-mZVI 吸附材料吸附龙胆紫和亚甲基蓝在不同反应时间的紫外可见分光光谱图

基于上述实验结果,龙胆紫和亚甲基蓝的褪色过程包括龙胆紫和亚甲基蓝吸附到多孔介质材料的表面,以及龙胆紫和亚甲基蓝被多孔介质材料表层的零价铁还原。龙胆紫和亚甲基蓝被 FB-mZVI 还原的化学方程式分别如式(4.10)和式(4.11)所示。

CV：

$$\text{(CH}_3)_2\text{N}\text{—} \cdots \xrightarrow[\text{H}^+]{\text{Fe}^0} \text{—N(CH}_3)_2 + (\text{CH}_3)_2\text{N}\text{—}\text{—CH}_2\text{—}\text{—N(CH}_3)_2$$

(4.10)

MB：

$$(\text{CH}_3)_2\text{N} \cdots \text{N}^+(\text{CH}_3)_2 \xrightarrow[\text{H}^+]{\text{Fe}^0} (\text{CH}_3)_2\text{N} \cdots \text{N(CH}_3)_2$$

(4.11)

4.5 本章小结

（1）初始 pH 对龙胆紫和亚甲基蓝去除的影响结果为：当 pH 由 4.0 增加到 6.0 时，龙胆紫和亚甲基蓝的去除率不断增加；当 pH 为 6.0 时，龙胆紫和亚甲基蓝的去除率达到最大值。

（2）反应时间对龙胆紫和亚甲基蓝去除的影响结果为：在反应的初始阶段，龙胆紫和亚甲基蓝的吸附速率非常快，随着反应的进行，吸附速率逐渐降低，趋于平衡。

（3）反应温度对龙胆紫和亚甲基蓝去除的影响结果为：温度升高有利于龙胆紫和亚甲基蓝的吸附量的提高，且有利于反应速率的提高。

（4）二级动力学模型和 Langmuir 吸附等温线模型能够更好地拟合龙胆紫和亚甲基蓝的实验数据和理论数据。

（5）进一步提出龙胆紫和亚甲基蓝被 FB-mZVI 去除的机理为：龙胆紫经吸附后，C＝C 断裂，转化成两个分子结构较小的化学物质，能够进入吸附材料更小的孔隙中。而亚甲基蓝经过吸附后，C＝N 转化成 C—N，再转化成 MBH$_2$（亚甲基蓝还原态）。

5　FB-mZVI 对重金属铬的去除

选取 FB-mZVI 去除水体中的重金属铬,主要研究初始 pH、初始浓度、反应温度及反应时间对 FB-mZVI 去除重金属铬的去除率和吸附量的影响。基于上述实验,进一步研究 FB-mZVI 去除重金属铬的吸附动力学和吸附等温线,从而为其去除重金属铬的机理分析提供理论依据。

5.1　FB-mZVI 去除重金属铬的影响因素

5.1.1　初始 pH 对铬去除的影响

污染水体的初始 pH 对重金属铬的去除率和吸附量具有非常大的影响[174]。采用重金属铬的标准贮备液,配制浓度为 200 mg/L 的重金属铬的溶液。选用 0.1 mol/L 的 HCl 和 0.1 mol/L 的 NaOH 调整重金属铬溶液的初始 pH 分别为 2、4、6、8 和 10。称取 1 g FB-mZVI 吸附剂,分别加入 100 mL 的上述 pH 的重金属铬溶液中,测试不同 pH 条件下重金属铬的去除率,实验结果如图 5.1 所示。

由图 5.1 可知,水溶液中重金属铬的去除率受初始 pH 的影响明显。当溶液初始 pH 为 4.0 时,重金属铬的去除率达到最大值 47.84%。这主要是由于重金属 Cr(正 6 价)在水溶液中存在多种形态,其中根据不同的 pH 有三种较稳定的存在形态,分别是 CrO_4^{2-}、$HCrO_4^-$ 和 $Cr_2O_7^{2-}$[151]。当溶液 pH 是 2.0~6.0 时,Cr^{6+} 主要存在形式为 $HCrO_4^-$ 和 $Cr_2O_7^{2-}$。随着 pH 的增加,CrO_4^{2-} 逐渐成为主要存在形态。由于 CrO_4^{2-} 存在两个负电荷,因而需要两个活性点位,而 $HCrO_4^-$ 和 $Cr_2O_7^{2-}$ 仅需要一个活性点位。因此随着 pH 的不断降低,CrO_4^{2-} 逐渐转化为 $HCrO_4^-$,导致 Cr^{6+} 的吸附量进一步增加。然而当 pH 低于 4.0 后,Cr^{6+} 的吸附量不会继续增加,反而出现了大幅度的降低。这主要是由于此 pH 范围的水溶液中存在大量的 H^+,大量的 H^+ 与 Cr^{6+} 在吸附过程中发生了竞争作用,因而

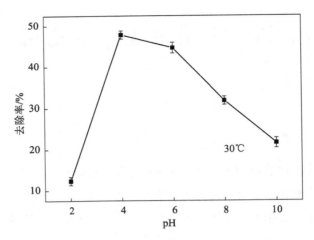

图 5.1　溶液初始 pH 变化对水体中重金属铬去除率的影响

导致 Cr^{6+} 在 pH 小于 3.0 后的吸附量明显下降。因此选择 pH＝4.0 作为 Cr^{6+} 去除的最佳 pH。

5.1.2　初始浓度对铬去除的影响

污染物在水溶液中的初始浓度是影响污染物去除率的重要因素。选取 1 g 的 FB-mZVI 吸附剂,分别加入初始浓度为 100 mg/L、500 mg/L、1 000 mg/L 的重金属铬的溶液中,测试不同反应时间下重金属铬的去除率,研究重金属铬的初始浓度对其吸附量的影响,实验结果如图 5.2 所示。

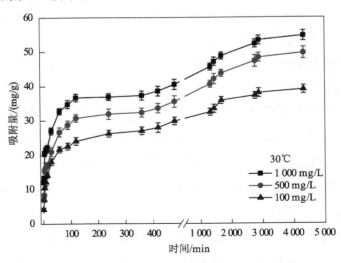

图 5.2　重金属铬初始浓度变化对其吸附量的影响

由图 5.2 可知,当重金属铬的初始浓度从 100 mg/L 增加到 1 000 mg/L 时,FB-mZVI 吸附材料对重金属铬的吸附量也随之增加,吸附达到平衡的时间也随之变长。当重金属铬的初始浓度为 1 000 mg/L 时,吸附量达到最大值 54.7 mg/g。主要原因是在污染物溶液中,当初始污染物的浓度逐渐增加时,吸附剂表层与吸附质之间存在的浓度差也逐渐增加,导致污染物质由液相传递至吸附剂表层的传质阻力降低,从而增加了污染物质吸附到吸附剂表层的概率。

5.1.3 反应时间对铬去除的影响

在吸附过程中,反应时间影响 FB-mZVI 吸附重金属铬的去除率和吸附量[175-176]。选取 1 g 的 FB-mZVI 吸附剂,分别加入 1 000 mg/L 的重金属铬溶液中,测试不同反应时间下重金属铬的吸附量变化,实验结果如图 5.3 所示。

由图 5.3 可知,在 30 ℃的反应温度下,随着反应时间的延长,重金属铬的吸附量逐渐增加,重金属铬的整个吸附过程包括两个平衡阶段。其中,当反应时间增加至 6 h,吸附反应首次达到平衡。随着吸附反应的继续,吸附量逐渐增加,至反应时间达到 72 h,吸附反应达到第二次平衡。

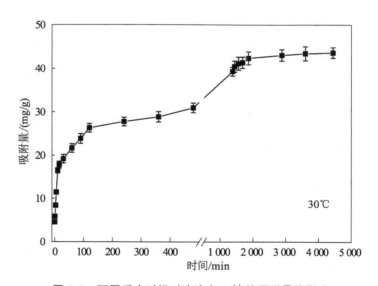

图 5.3 不同反应时间对溶液中 Cr^{6+} 的吸附量的影响

在吸附过程中,反应时间影响 Cr^{6+}、Cr^{3+} 和 Cr(总)的浓度变化,结果如图 5.4 所示。由图 5.4 可知,随着反应时间的延长,Cr^{6+}、Cr^{3+} 和 Cr(总)浓度变化表现出两个阶段。随

61

着反应的进行，Cr^{6+} 和 Cr（总）的浓度不断降低。而 Cr^{3+} 的浓度随着反应的进行不断升高。当反应温度为 30 ℃时，第一个反应阶段是前 360 min，然后反应时间至 3 000 min 时，到达第二阶段的平衡。正如 Fu 等[177]研究发现，在 pH 为 3.5 时，Cr^{6+} 的主要存在形态是 $HCrO_4^-$。在吸附剂的表层，$HCrO_4^-$ 被 FB-mZVI 吸附剂表层的零价铁还原为 Cr^{3+}，进一步与水体中的 OH^- 结合生成 Cr_2O_3，附着在 FB-mZVI 吸附剂的表层。反应生成的 Fe^{3+} 与 Cr^{6+}、反应生成的沉淀物 $Cr_xFe_{1-x}(OH)_3$ 附着在 FB-mZVI 吸附剂的表层，从而影响污染物质到吸附剂内部的扩散速率。具体的反应方程式如下：

$$H_2O \longleftrightarrow H^+ + OH^- \tag{5.1}$$

$$HCrO_4^- + Fe^0 + 7H^+ \longrightarrow Cr^{3+} + Fe^{3+} + 4H_2O \tag{5.2}$$

$$(1-x)Fe^{3+} + xCr^{6+} + 3H_2O \longrightarrow Cr_xFe_{1-x}(OH)_3(s) + 3H^+ \tag{5.3}$$

$$(1-x)Fe^{3+} + xCr^{6+} + 2H_2O \longrightarrow Cr_xFe_{1-x}(OOH)(s) + 3H^+ \tag{5.4}$$

$$2Cr^{3+} + 6OH^- \longrightarrow Cr_2O_3(s) + 3H_2O \tag{5.5}$$

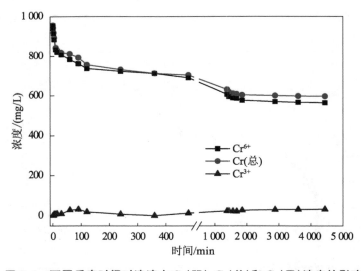

图 5.4　不同反应时间对溶液中 Cr（Ⅵ）、Cr（总）和 Cr（Ⅲ）浓度的影响

随着反应的进行，Cr_2O_3、$Cr_xFe_{1-x}(OH)_3$ 和 $Cr_xFe_{1-x}(OOH)$ 颗粒不断附着在 FB-mZVI 吸附剂的表层，影响了 Cr^{6+} 在 FB-mZVI 吸附剂内部的扩散，从而解释了为什么 Cr^{6+} 被 FB-mZVI 吸附剂吸附会表现出两个吸附阶段。第一个反应阶段是化学吸附过程，第二个反应阶段是由颗粒孔径内部扩散来控制的。

5.1.4 反应温度对铬去除的影响

反应温度是影响吸附反应的重要影响因素[178-180]。在不同的反应温度（30 ℃、40 ℃、50 ℃、60 ℃）条件下,选取 1 g FB-mZVI 吸附剂材料,加入 1 000 mg/L 的重金属铬的水溶液中,研究温度对 FB-mZVI 吸附剂对 Cr^{6+} 的吸附量的影响,结果如图 5.5 所示。

由图 5.5 可知,当反应温度由 30 ℃升高至 60 ℃时,FB-mZVI 吸附剂对重金属铬的吸附量逐渐增加,可见温度升高有利于重金属铬的去除。这主要是由于温度升高加速了重金属铬分子的扩散能力,促进了污染物质由液相扩散到吸附剂的表层,从而提高了重金属铬的去除率。

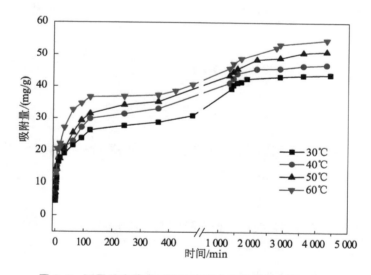

图 5.5 不同反应温度对溶液中重金属铬的吸附量的影响

前人的研究表明[181],温度的 D_S 值,可以用阿伦尼乌斯方程来计算,如式(5.6):

$$D_S = D_{ST} \exp\left(\frac{-E_s}{RT}\right) \tag{5.6}$$

式中:D_S ——温度为 T 时的反应速率常数;

D_{ST} ——指前因子,也称阿伦尼乌斯常数;

E_s ——活化能(kJ/mol);

T ——绝对温度(K);

R ——气体常数[kJ/(mol·K)]。

采用 Origin 8.5 拟合已有的实验数据,并计算 FB-mZVI 吸附剂吸附重金属铬两个反应阶段的 D_{ST} 和 E_S。实验数据经过拟合计算,所得第一阶段的 $E_{S1}=27.3$ kJ/mol,第二阶段的 $E_{S2}=15.9$ kJ/mol。因此随着反应温度的升高,重金属铬的吸附比其从吸附点位上解吸需要更多的能量。与第二阶段相比,第一阶段需要更多的能量。

5.2 FB-mZVI 吸附金属铬的吸附等温线

选取 Langmuir 和 Freundlich 吸附等温线模型来研究 FB-mZVI 吸附重金属铬的吸附等温线,Freundlich 等温线公式如式(5.7)所示,Langmuir 等温线公式如式(5.8)所示。

$$Q=K_1 C_e^{\frac{1}{n}} \tag{5.7}$$

$$Q=\frac{Q_m K_2 C_e}{1+K_2 C_e} \tag{5.8}$$

式中:C_e ——重金属铬吸附到达平衡时在水溶液中的溶度(mg/L);

Q ——吸附剂吸附重金属铬的吸附量(mg/g);

K_1 ——Langmuir 方程的常数;

Q_m ——吸附剂吸附重金属铬的最大吸附量(mg/g);

K_2 ——Freundlich 方程的常数;

n ——Freundlich 等温线常数

采用 Origin 8.5 拟合实验数据并计算 Freundlich 和 Langmuir 等温线常量,如表 5.1 所示。同时,两个吸附等温线的平均百分偏差的计算方法如式(5.9)所示。

$$D(\%)=\frac{1}{N}\sum_{n-1}^{n}\left|\frac{Q_{exp}-Q_{cal}}{Q_{exp}}\right|\times 100\% \tag{5.9}$$

式中:D ——平均百分偏差;

Q_{exp} ——吸附达到平衡时的吸附量(mg/g);

Q_{cal} ——经模型拟合计算得到的吸附量(mg/g)。

由表 5.1 可知,Langmuir 吸附等温线模型具有较高的 r^2,因而选取 Langmuir 吸附等温线模型来拟合 FB-mZVI 对重金属铬的吸附过程。

表 5.1 FB-mZVI 吸附重金属铬的吸附参数和平均百分偏差

T/℃	Langmuir				Freundlich			
	$Q_m/(mg/g)$	$K/(L/mg)$	$D/\%$	r^2	$K_2/(mg^{1-1/n} \cdot L^{1/n}/g)$	n	$D/\%$	r^2
30	47.2	0.045	3.44	0.986	7.78	3.43	6.42	0.948
40	49.5	0.043	2.51	0.989	8.42	3.57	7.52	0.939
50	54.5	0.039	3.52	0.988	9.43	3.51	7.31	0.922
60	56.2	0.037	5.12	0.991	9.12	3.47	7.52	0.918

5.4 本章小结

（1）水溶液中重金属铬的去除率受初始 pH 的影响明显。当水溶液的初始 pH 为 4.0 时，重金属铬的去除率达到最大值 47.84%。

（2）当重金属铬的初始浓度为 1 000 mg/L 时，吸附量达到最大值 54.7 mg/g。

（3）重金属铬的吸附过程包括两个平衡阶段。前 6 h，吸附反应达到首次平衡。至 72 h，吸附反应达到第二次平衡。重金属铬的吸附比解吸需要更多的能量，同时第一个反应阶段比第二个反应阶段需要更多的能量。

（4）重金属铬的吸附等温线符合 Langmuir 吸附等温线模型。

6 FB-mZVI 对混合溶液中染料和重金属的去除

选取 FB-mZVI 来去除同时含有龙胆紫、亚甲基蓝和重金属铬的污染水体。主要研究初始 pH、初始浓度及反应时间对 FB-mZVI 去除同时含有三种污染物质水体中的污染物的去除率及吸附量,进一步与仅含有一种污染物质的水体对比,从而为研究 FB-mZVI 在水处理中的应用提供理论依据。

6.1 初始 pH 对龙胆紫、亚甲基蓝和重金属铬联合去除的影响

水体中初始 pH 是影响污染物去除的重要因素[182]。采用龙胆紫、亚甲基蓝和重金属铬的标准贮备液,配制龙胆紫、亚甲基蓝及重金属铬的浓度分别为 200 mg/L、200 mg/L、200 mg/L 的溶液 100 mL。采用 0.1 mol/L NaOH 和 0.1 mol/L HCl 调节溶液 pH 分别为 2.0、4.0、6.0、8.0 和 10.0。测试不同 pH 条件下同时含有龙胆紫、亚甲基蓝和重金属铬的水样中三种污染物的去除率,实验结果如图 6.1 所示。

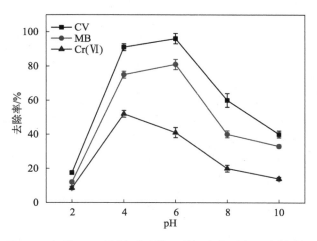

图 6.1 初始 pH 对混合溶液中三种污染物质去除率的影响

由第 4 章和第 5 章可知,不同初始 pH 对水体中龙胆紫、亚甲基蓝和重金属铬的去除率的影响如图 6.2 所示。由第 4 章和第 5 章的研究可知,龙胆紫和亚甲基蓝的最佳 pH 为 6.0,重金属铬去除的最佳 pH 为 4.0。而由图 6.1 可知,当溶液的初始 pH 为 4 时,在同时含有龙胆紫、亚甲基蓝和重金属铬的溶液中,龙胆紫、亚甲基蓝和重金属铬的去除率皆有所增加。对比图 6.2 可知,当 pH 为 4.0 时,龙胆紫、亚甲基蓝和重金属铬的去除率分别由 71%增加至 90%、50%增加至 73%和 43%增加到 50%。可见当 pH 为 4.0 时,水溶液中三种离子之间发生了协同去除。

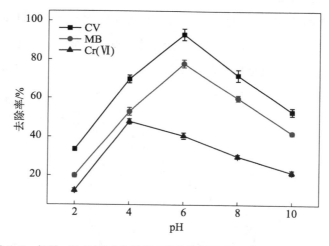

图 6.2　初始 pH 分别对龙胆紫、亚甲基蓝和重金属铬去除率的影响

对比图 6.1 和图 6.2 可知,当 pH 为 6.0 时,龙胆紫、亚甲基蓝和重金属铬的去除率变化不大,可见 pH 为 6.0 时,三种离子之间的去除未有吸附竞争和吸附协同作用的发生。

当溶液初始 pH 为 2.0、8.0 和 10.0 时,对比图 6.1 和图 6.2 可知,同时含有三种污染的水体中,龙胆紫、亚甲基蓝及重金属铬的去除率皆有所下降,可见在此 pH 的条件下,三种污染物质之间发生了抑制吸附。当溶液的初始 pH 为 2.0 时,水溶液中带正电荷的龙胆紫分子、亚甲基蓝分子、H^+ 以及 Cr(Ⅵ)在吸附过程中发生了竞争作用,从而导致三者的去除率下降。当水溶液的初始 pH 为 8.0 和 10.0 时,随着重金属铬与 FB-mZVI 材料表层的零价铁反应,污染水体中的 pH 进一步升高,将不利于龙胆紫和亚甲基蓝的去除。因而去除同时含有龙胆紫、亚甲基蓝和重金属铬的混合溶液的最佳 pH 为 4.0。

6.2 初始浓度对龙胆紫、亚甲基蓝和重金属铬联合去除的影响

溶液初始溶度是影响水体中龙胆紫、亚甲基蓝和重金属铬去除率的重要因素[183-184]。采用 0.1 mol/L HCl 和 0.1 mol/L NaOH，调节水溶液中的 pH 为 4.0。向初始浓度均为 600 mg/L 的龙胆紫和亚甲基蓝的溶液中分别添加 0.1 mol/L、0.3 mol/L、0.5 mol/L 的重金属铬，研究重金属铬投加量对龙胆紫和亚甲基蓝的吸附量的影响，结果如图 6.3 所示。同时，当水溶液中龙胆紫、亚甲基蓝和重金属铬的浓度分别为 200 mol/L、200 mol/L、200 mg/L 时，FB-mZVI 对龙胆紫、亚甲基蓝和重金属铬的吸附量如图 6.4 所示。

由图 6.3 可知，当添加重金属铬的浓度为 0.1 mol/L 和 0.3 mol/L 时，龙胆紫和亚甲

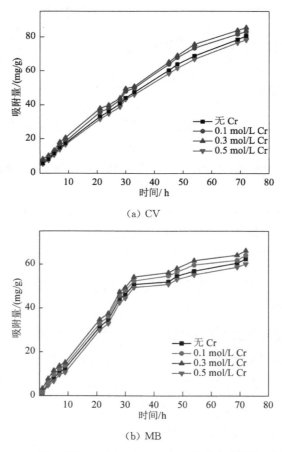

（a）CV

（b）MB

图 6.3 重金属铬投加量对龙胆紫和亚甲基蓝吸附量的影响

基蓝的吸附量与未添加重金属铬的吸附量相比有所增加,并且添加 0.3 mol/L 重金属铬时的龙胆紫和亚甲基蓝的吸附量要高于添加 0.1 mol/L 时的吸附量。可见添加一定量的重金属铬有利于龙胆紫和亚甲基蓝的去除。对比未添加重金属铬时龙胆紫和亚甲基蓝的吸附量,当添加重金属铬的浓度为 0.5 mol/L 时,龙胆紫和亚甲基蓝的吸附量降低。可见过高浓度的重金属铬不利于龙胆紫和亚甲基蓝的去除。

当水溶液中同时含有龙胆紫、亚甲基蓝和重金属铬,且其浓度分别为 200 mg/L、200 mg/L、200 mg/L 时,FB-mZVI 对混合水体的吸附量随时间的变化如图 6.4 所示。由图 6.4 可知,重金属铬的吸附过程分为两个阶段,由上文分析可知重金属铬在吸附初始阶段是化学吸附。由于反应产生的 Cr_2O_3 和 $Cr_xFe_{1-x}(OH)_3$ 附着在 FB-mZVI 吸附材料的表层,影响到吸附的第二个阶段的扩散速率,因而在同时含有三种污染物质的水体中,重金属铬经化学吸附产生的 Cr_2O_3 和 $Cr_xFe_{1-x}(OH)_3$ 进一步影响到龙胆紫和亚甲基蓝的去除,从而导致龙胆紫和亚甲基蓝的吸附同样表现出两个吸附平衡阶段。第二个平衡阶段的吸附速率明显低于第一个吸附阶段的吸附速率,主要是由于沉积物质 Cr_2O_3 和 $Cr_xFe_{1-x}(OH)_3$ 影响到污染物分子在吸附材料内部的扩散。

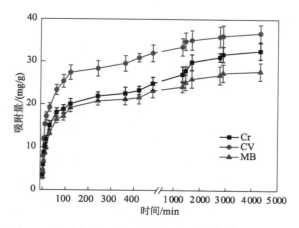

图 6.4 FB-mZVI 对混合水体中三种污染物质的吸附量随时间的变化

6.3 反应时间对龙胆紫、亚甲基蓝和重金属铬联合去除的影响

反应时间是影响水体中污染物质去除的重要因素,从吸附量随时间的变化可以看出污染物质被吸附材料去除的整个吸附过程[185-186]。采用龙胆紫、亚甲基蓝及重金属铬的标准贮

备液配制含有龙胆紫、亚甲基蓝和重金属铬的浓度分别为 200 mg/L、200 mg/L、200 mg/L 的溶液 100 mL。采用 0.1 mol/L HCl 和 0.1 mol/L NaOH 调节水溶液中的 pH 为 4.0。置于 30 ℃水浴恒温振荡器中,研究三种污染物质的吸附量随时间的变化,实验结果如图 6.5 所示。

由图 6.5 可知,龙胆紫、亚甲基蓝和重金属铬三种污染物质的吸附量随时间的变化分为两个阶段。反前的应时间为 240 min 时,重金属铬的吸附达到平衡,此前的阶段主要是重金属铬与 FB-mZVI 材料表层的零价铁发生化学还原反应,反应公式见上文式(5.1)~式(5.5)。

随着反应的进行,Cr_2O_3 和 $Cr_xFe_{1-x}(OH)_3$ 沉积在吸附剂的表层,因而随着反应时间的延长,重金属铬的吸附速率明显降低。至反应达到 72 h 时,重金属铬的吸附达到平衡。

由图 6.5 可知,龙胆紫和亚甲基蓝的吸附过程与重金属铬的吸附类似,也是出现两个吸附阶段。这主要是由于龙胆紫经过零价铁的还原产生两个分子结构较小的化学物质,

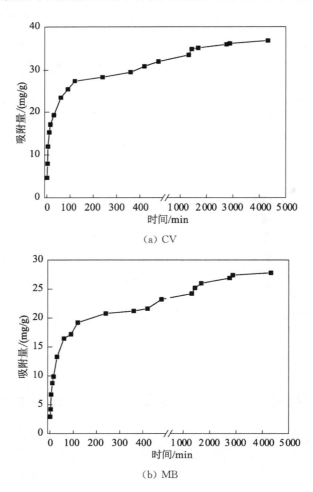

(a) CV

(b) MB

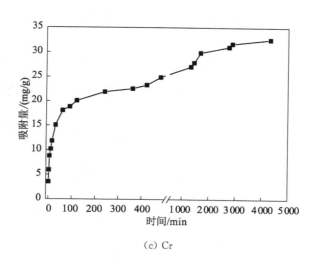

（c）Cr

图 6.5 不同反应时间对龙胆紫、亚甲基蓝及重金属铬的吸附量的影响

亚甲基蓝经过零价铁的还原生成亚甲基蓝还原态（MBH_2）。龙胆紫和亚甲基蓝还原产生的新物质,在 FB-mZVI 多孔吸附材料内部的扩散过程中,由于 Cr_2O_3 和 $Cr_xFe_{1-x}(OH)_3$ 沉积在吸附剂的表层,影响到污染物质的扩散速率。因而在第二个吸附阶段,吸附速率明显低于第一个吸附达到平衡的速率。

6.4　本章小结

（1）龙胆紫和亚甲基蓝去除的最佳 pH 为 6.0,重金属铬去除的最佳 pH 为 4.0。pH 为 6.0 时,三种离子之间的去除未有吸附竞争和吸附协同作用的发生。

（2）溶液的初始 pH 为 4.0 时,在同时含有龙胆紫、亚甲基蓝和重金属铬的溶液中,龙胆紫、亚甲基蓝和重金属铬的去除率皆有所增加,溶液中三种离子之间发生了协同去除。

（3）溶液初始 pH 为 2.0、8.0 和 10.0 时,同时含有三种污染物的水体中,龙胆紫、亚甲基蓝及重金属铬的去除率皆有所下降,在此 pH 条件下,三种污染物质之间发生了抑制吸附。

（4）添加一定量的重金属铬有利于龙胆紫和亚甲基蓝的去除。当添加重金属铬的浓度为 0.1 mol/L 和 0.3 mol/L 时,龙胆紫和亚甲基蓝的吸附量有所增加。过高浓度的重金属铬不利于龙胆紫和亚甲基蓝的去除。当添加重金属铬的浓度为 0.5 mol/L 时,龙胆紫和亚甲基蓝的吸附量降低。

（5）龙胆紫、亚甲基蓝和重金属铬三种污染物质的吸附量随时间的变化分为两个阶段,第一个阶段主要是化学吸附,第二个吸附阶段主要是由污染物在吸附材料内部的扩散速率来控制的。

7 结论与展望

7.1 结论

本研究采用棕榈壳作为还原剂,铁矿石尾矿作为铁源,在气氛烧结炉中焙烧,研究固基直接还原铁技术制备零价铁。然后加入造孔剂粉煤灰和黏结剂膨润土,制备出一种新型的嵌布式零价铁多孔吸附反应材料(FB-mZVI)。通过 SEM、BET、XRD、UV 和 FTIR等手段对 FB-mZVI 进行表征。同时研究 FB-mZVI 对水体中的龙胆紫、亚甲基蓝等染料污染物质及重金属铬的去除效果及去除机理。与现阶段市场中应用最广泛的活性炭进行对比,提出 FB-mZVI 具有较为广泛的市场应用价值。

其中,FB-mZVI 的制备结果表明,以铁矿石尾矿作为铁源,棕榈壳作为还原剂,粉煤灰作为骨料,膨润土作为黏结剂,采用直接还原铁工艺,经气氛烧结炉烧结可制备出一种兼具多孔材料的吸附功能和零价铁反应活性的 FB-mZVI。其中影响还原率的四个因素为反应温度、反应时间、还原剂量和升温速率。正交实验结果表明,FB-mZVI 制备的最佳条件为:反应温度为 800 ℃,反应时间为 10 min,粉煤灰、棕榈壳、铁矿石尾矿和膨润土的质量比为 2∶2∶1∶1。

FB-mZVI 去除水中龙胆紫和亚甲基蓝的研究结果表明,影响其去除率和吸附量的因素为溶液初始 pH、反应温度、反应时间、吸附剂投加量和溶液初始浓度等。当 pH 为 6.0时,龙胆紫和亚甲基蓝的去除率达到最大值。温度升高有利于龙胆紫和亚甲基蓝的去除。选用二级动力学模型和 Langmuir 吸附等温线模型能够较好地拟合龙胆紫和亚甲基蓝的吸附过程。龙胆紫的去除机理为 C=C 断裂,转化成两个分子结构较小的化学物质,能够进入吸附材料更小的孔隙中。亚甲基蓝的去除机理为 C=N 转化成 C—N,进而转化成 MBH_2(亚甲基蓝还原态)。

FB-mZVI 去除水中重金属铬的研究结果表明,溶液初始 pH 为 4.0 时,重金属铬的吸附量达到最大值。Langmuir 吸附等温线模型能够更好地拟合重金属铬的吸附过程。重金属铬的吸附过程包括两个吸附平衡阶段。前 6 h 吸附反应达到第一次平衡。反应至 72 h 吸附反应达到第二次平衡。其中第一个吸附阶段的吸附速率是由表面扩散来控制的，第二个吸附阶段的吸附速率是由表面扩散和孔的体积扩散两者来控制的。

　　FB-mZVI 对同时含有三种污染物的混合废水的去除效果表明，溶液初始 pH 为 6.0 时，三种离子之间的去除未有吸附竞争或吸附协同作用的发生；当溶液初始 pH 为 4.0 时，龙胆紫、亚甲基蓝和重金属铬的去除率皆有所增加，此时三种离子之间发生了协同去除；当溶液初始 pH 为 2.0、8.0 和 10.0 时，三种污染物的去除率皆有所下降，此时发生了抑制吸附。龙胆紫和亚甲基蓝的水体中添加重金属铬的浓度为 0.1 mol/L 和 0.3 mol/L 时，其吸附量有所增加。而添加过高浓度的重金属铬不利于龙胆紫和亚甲基蓝的去除。三种污染物质的吸附过程包括两次吸附平衡阶段。

7.2　展望

　　（1）本研究是基于一系列的模拟研究，由于所选用的模拟水体可能会与在自然环境中的水体有差异，因而实验研究所得到的吸附数据与在实际水体中的吸附效果会有一定的偏差。然而，所得到的数据在一定程度上能够反映出嵌布式零价铁多孔吸附反应材料在水质净化中的应用效果，为其广泛应用于水处理中提供一定的理论依据。

　　（2）本研究主要基于零价铁高效的净化能力，充分发挥废弃物的资源化，制备由棕榈壳、铁矿石尾矿、粉煤灰和膨润土为原料的新型多孔介质材料，并对此种吸附材料对水体中的有机污染物质龙胆紫和亚甲基蓝及重金属污染物质铬吸附的理论进行研究，而此种材料在实际水体中的应用效果尚需进一步的研究。

参 考 文 献

[1] Shettima A U, Hussin M W, Ahmad Y, et al. Evaluation of iron ore tailings as replacement for fine aggregate in concrete[J]. Construction and Building Materials, 2016, 120: 72-79.

[2] Ogundiran M B, Kumar S. Synthesis of fly ash-calcined clay geopolymers: Reactivity, mechanical strength, structural and microstructural characteristics[J]. Construction and Building Materials, 2016, 125: 450-457.

[3] Osinubi K J, Yohanna P, Eberemu A O. Cement modification of tropical black clay using iron ore tailings as admixture[J]. Transportation Geotechnics, 2015, 5: 35-49.

[4] Fujishima A, Honda K. Electrochemical photolysis of water at a semiconductor electrode[J]. Nature, 1972, 238: 37-38.

[5] de Aragão Umbuzeiro G, Freeman H S, Warren S H, et al. The contribution of azo dyes to the mutagenic activity of the Cristais River[J]. Chemosphere, 2005, 60(1): 55-64.

[6] 王健哲. Fe-OH/UV 体系同时还原 Cr(Ⅵ)和氧化染料废水的研究[D]. 武汉：华中科技大学，2009.

[7] Gupta V K, Suhas. Application of low-cost adsorbents for dye removal: A review[J]. Journal of Environmental Management, 2009, 90(8): 2313-2342.

[8] Yagub M T, Sen T K, Afroze S, et al. Dye and its removal from aqueous solution by adsorption: A review[J]. Advances in Colloid and Interface Science, 2014, 209: 172-184.

[9] Li S F. Removal of crystal violet from aqueous solution by sorption into semi-interpenetrated networks hydrogels constituted of poly(acrylic acid-acrylamide-methacrylate) and amylose[J]. Bioresource Technology, 2010, 101(7): 2197-2202.

[10] 孟范平，易怀昌. 各种吸附材料在印染废水处理中的应用[J]. 材料导报，2009,23(13): 69-73.

[11] 奚旦立，马春燕. 印染废水的分类、组成及性质[J]. 印染，2010, 36(14): 51-53.

[12] 张滕. 粉煤灰基零价铁的制备及其对染料废水的去除研究[D]. 山东：中国海洋大学,2016.

[13] 周琪，赵由才. 染料对人体健康和生态环境的危害[J]. 环境与健康杂志，2005,22(3): 229-231.

[14] 任南琪，周显娇，郭婉茜，等. 染料废水处理技术研究进展[J]. 化工学报，2013,64(1): 84-94.

［15］张林生，蒋岚岚. 染料废水的脱色方法［J］. 化工环保，2000,20(1)：14-18.

［16］Dalvand A，Nabizadeh R，Ganjali M R，et al. Modeling of Reactive Blue 19 azo dye removal from colored textile wastewater using L-arginine-functionalized Fe_3O_4 nanoparticles：Optimization, reusability, kinetic and equilibrium studies［J］. Journal of Magnetism and Magnetic Materials, 2016，404：179-189.

［17］Nezamzadeh-Ejhieh A，Banan Z. Sunlight assisted photodecolorization of crystal violet catalyzed by CdS nanoparticles embedded on zeolite A［J］. Desalination，2012，284：157-166.

［18］Gholami M，Vardini M T，Mahdavinia G R. Investigation of the effect of magnetic particles on the Crystal Violet adsorption onto a novel nanocomposite based on κ-carrageenan-g-poly(methacrylic acid)［J］. Carbohydrate Polymers，2016，136：772-781.

［19］Singh K P，Gupta S，Singh A K，et al. Optimizing adsorption of crystal violet dye from water by magnetic nanocomposite using response surface modeling approach［J］. Journal of Hazardous Materials，2011，186(2/3)：1462-1473.

［20］Ayed L，Chaieb K，Cheref A，et al. Biodegradation of triphenylmethane dye Malachite Green by *Sphingomonas paucimobilis*［J］. World Journal of Microbiology and Biotechnology，2009，25(4)：705-711.

［21］Bertolini T，Izidoro J C，Magdalena C P，et al. Adsorption of crystal violet dye from aqueous solution onto zeolites from coal fly and bottom ashes［J］. Orbital：the Electronic Journal of Chemistry，2013，5(3)：179-191.

［22］Mittal A，Mittal J，Malviya A，et al. Adsorption of hazardous dye crystal violet from wastewater by waste materials［J］. Journal of Colloid and Interface Science，2010，343(2)：463-473.

［23］Moraetis D，Nikolaidis N P，Karatzas G P，et al. Origin and mobility of hexavalent chromium in North-Eastern Attica，Greece［J］. Applied Geochemistry，2012，27(6)：1170-1178.

［24］USEPA. Toxicological review of hexavalent chromium(CAS No. 18540-29-9)［R］. Washington, DC，1998.

［25］Li Y，Xu X J，Liu J X，et al. The hazard of chromium exposure to neonates in Guiyu of China［J］. Science of the Total Environment，2008，403(1/2/3)：99-104.

［26］Perceval O，Pinel-Alloul B，Méthot G，et al. Cadmium accumulation and metallothionein synthesis in freshwater bivalves (*Pyganodon grandis*)：Relative influence of the metal exposure gradient versus limnological variability［J］. Environmental Pollution，2002，118(1)：5-17.

［27］Mason R P，Laporte J -M，Andres S. Factors controlling the bioaccumulation of mercury, methylmercury，arsenic，selenium，and cadmium by freshwater invertebrates and fish［J］. Archives of Environmental Contamination and Toxicology，2000，38(3)：283-297.

［28］Sun Y, Chen Z, Wu G X, et al. Characteristics of water quality of municipal wastewater treatment plants in China：Implications for resources utilization and management［J］. Journal of Cleaner Production, 2016, 131：1-9.

［29］张树金,李廷轩,邹同静,等. 铅锌尾矿区优势草本植物体内铅及氮、磷、钾含量变化特征［J］. 草业学报, 2012, 21(1)：162-169.

［30］张治宏. Mo系Keggin型结构杂多酸盐的合成、表征及对染料废水的催化氧化特性［D］. 西安：西安建筑科技大学, 2011.

［31］Panswad T, Luangdilok W. Decolorization of reactive dyes with different molecular structures under different environmental conditions［J］. Water Research, 2000, 34(17)：4177-4184.

［32］裴振琦,韩式荆. 用聚砜超滤膜从染色废水中回收染料［J］. 环境科学, 1983, 4(2)：1-4.

［33］王振余,郭树才. 炭膜处理染料水溶液的研究［J］. 膜科学与技术, 1997,17(5)：7-10.

［34］Soma C, Rumeau M, Sergent C. Use of mineral membrane in the treatment of textile effluents pore intl cont inorganic membrances［C］. Monrpellier, 1989.

［35］杨莹. 深度处理：饮用水处理工艺的选择［J］. 环境, 2007(9)：26-29.

［36］李丹丹. 以纤维为造孔剂的粉煤灰基吸附材料制备及其对染料的吸附性能研究［D］. 青岛：中国海洋大学, 2015.

［37］姜照原,李妍,宋俊芳. 粉煤灰在处理印染废水中的应用［J］. 水处理技术, 1995, 21(2)：94-96.

［38］Maheshwari U, Mathesan B, Gupta S. Efficient adsorbent for simultaneous removal of Cu(Ⅱ), Zn(Ⅱ) and Cr(Ⅵ)：Kinetic, thermodynamics and mass transfer mechanism［J］. Process Safety and Environmental Protection, 2015, 98：198-210.

［39］Woolard C D, Strong J, Erasmus C R. Evaluation of the use of modified coal ash as a potential sorbent for organic waste streams［J］. Applied Geochemistry, 2002, 17(8)：1159-1164.

［40］彭荣华,陈丽娟,李晓湘. 改性粉煤灰吸附处理含重金属离子废水的研究［J］. 材料保护, 2005, 38(1)：48-50.

［41］王春峰,李健生,王连军,等. 粉煤灰合成NaA型沸石对重金属离子的吸附动力学［J］. 中国环境科学, 2009, 29(1)：36-41.

［42］王红蕾,刘璐,谷耀行,等. 粉煤灰多孔陶瓷的制备及其对亚甲基蓝吸附性能［J］. 河北科技师范学院学报, 2009, 23(2)：39-42.

［43］汤义武,舒余德,蒋汉瀛. 活性炭处理冶炼厂废水的基础研究［J］. 湘潭矿业学院学报, 1997(4)：69-73.

［44］兰淑澄. 活性炭水处理技术［M］. 北京：中国环境科学出版社, 1991.

［45］刘益萱,钟亮洁. 颗粒活性炭在饮用水深度处理中的应用［J］. 给水排水, 2001, 27(3)：12-15.

［46］马峥,张振良,于惠芳. 活性炭对水中有机物去除的研究［J］. 环境保护, 1999(5)：41-44.

［47］Wilson J. Active carbons from coals［J］. Fuel，1981，60(9)：823-831.

［48］陈彦宇，关桦楠，刘雨欣，等. 磁性颗粒与活性炭结合去除废水中染料的应用进展［J］. 广州化工，2021，49(24)：12-15.

［49］刘友林，袁明珍. 活性炭在制剂生产中的合理应用［J］. 首都医药，1998,5(12)：8.

［50］王爱平. 活性炭对溶液中重金属的吸附研究［D］. 昆明：昆明理工大学，2003.

［51］钱慧娟. 国外活性炭水处理技术的应用与发展［J］. 林产化工通讯，1988(2)：28-31,27.

［52］张长明. 活性炭在饮用水深度处理中的应用研究［D］. 太原：太原理工大学，2011.

［53］北川睦夫. 活性炭处理水的技术和管理［M］. 丁瑞芝，等译. 北京：新时代出版社，1987.

［54］张洪霞. 活性炭吸附在环境治理中的应用［J］. 天津化工，1998(4)：38-39.

［55］王宇. 利用农业秸秆制备阴离子吸附剂及其性能的研究［D］. 济南：山东大学，2007.

［56］黄江胜. 改性茶叶对工业废水的吸附性能研究［D］. 芜湖：安徽工程大学，2010.

［57］赵启涛. 煤基碳质反应剂与活性炭的制备和性能研究［D］. 昆明：昆明理工大学，2001.

［58］简宁. 竹炭对环境水样中铜的吸附性能研究［J］. 企业科技与发展，2010(6)：17-20.

［59］Gillham R W，O'Hannesin S F. Enhanced degradation of halogenated aliphatics by zero-valent iron［J］. Ground Water，1994，32(6)：958-967.

［60］Orth W S，Gillham R W. Dechlorination of trichloroethene in aqueous solution using Fe^0［J］. Environmental Science & Technology，1996，30(1)：66-71.

［61］Matheson L J，Tratnyek P G. Reductive dehalogenation of chlorinated methanes by iron metal［J］. Environmental Science & Technology，1994，28(12)：2045-2053.

［62］Deng B L，Burris D R，Campbell T J. Reduction of vinyl chloride in metallic iron-water systems［J］. Environmental Science & Technology，1999，33(15)：2651-2656.

［63］Liu Y Q，Phenrat T，Lowry G V. Effect of TCE concentration and dissolved groundwater solutes on NZVI-promoted TCE dechlorination and H_2 evolution［J］. Environmental Science & Technology，2007，41(22)：7881-7887.

［64］Arnold J M，Roberts D C S. A critique of fixed and progressive ratio schedules used to examine the neural substrates of drug reinforcement［J］. Pharmacology Biochemistry and Behavior，1997，57(3)：441-447.

［65］MacKenzie R，Matheson A M. Zero-modes of the Chern-Simons vortex［J］. Physics Letters B，1991，259(1/2)：63-67.

［66］Doong R A，Lee S H，Lee C C，et al. Characterization and composition of heavy metals and persistent organic pollutants in water and estuarine sediments from Gao-ping River，Taiwan，China［J］. Marine Pollution Bulletin，2008，57(6/7/8/9/10/11/12)：846-857.

［67］Wang Z Y，Peng P A，Huang W L. Dechlorination of γ-hexachlorocyclohexane by zero-valent metallic iron[J]. Journal of Hazardous Materials, 2009, 166(2/3): 992-997.

[68] Zhang X, Lin Y M, Shan X Q, et al. Degradation of 2,4,6-trinitrotoluene (TNT) from explosive wastewater using nanoscale zero-valent iron[J]. Chemical Engineering Journal, 2010, 158(3): 566-570.

[69] 陈郁, 全燮. 零价铁处理污水的机理及应用[J]. 环境科学研究, 2000,13(5): 24-26.

[70] Üzüm Ç, Shahwan T, Eroğlu A E, et al. Synthesis and characterization of kaolinite-supported zero-valent iron nanoparticles and their application for the removal of aqueous Cu^{2+} and Co^{2+} ions [J]. Applied Clay Science, 2009, 43(2): 172-181.

[71] Li Q, Zhai J P, Zhang W Y, et al. Kinetic studies of adsorption of Pb(II), Cr(III) and Cu(II) from aqueous solution by sawdust and modified peanut husk[J]. Journal of Hazardous Materials, 2007, 141(1): 163-167.

[72] Patra A S, Ghorai S, Ghosh S, et al. Selective removal of toxic anionic dyes using a novel nanocomposite derived from cationically modified guar gum and silica nanoparticles[J]. Journal of Hazardous Materials, 2016, 301: 127-136.

[73] Ponder S M, Darab J G, Mallouk T E. Remediation of Cr(VI) and Pb(II) aqueous solutions using supported, nanoscale zero-valent iron[J]. Environmental Science & Technology, 2000, 34(12): 2564-2569.

[74] Zhang X, Lin S, Lu X Q, et al. Removal of Pb(II) from water using synthesized kaolin supported nanoscale zero-valent iron[J]. Chemical Engineering Journal, 2010, 163(3): 243-248.

[75] 梁震, 王焰新. 纳米级零价铁的制备及其用于污水处理的机理研究[J]. 环境保护, 2002(4): 14-16.

[76] Martínez-Cabanas M, López-García M, Barriada J L, et al. Green synthesis of iron oxide nanoparticles. Development of magnetic hybrid materials for efficient As(V) removal[J]. Chemical Engineering Journal, 2016, 301: 83-91.

[77] 黄园英, 王倩, 刘斯文, 等. 纳米铁快速去除地下水中多种重金属研究[J]. 生态环境学报, 2014, 23(5): 847-852.

[78] 张瑞华, 孙红文. 零价铁修复铬污染水体的实验室研究[J]. 农业环境科学学报, 2004(6): 1192-1195.

[79] 饶品华, 肖稳发, 徐菁利, 等. 天然有机物对零价铁去除水体中砷的影响研究[J]. 环境污染与防治, 2009, 31(6): 43-49.

[80] Trois C, Cibati A. South African sands as an alternative to zero valent iron for arsenic removal from an industrial effluent: Batch experiments[J]. Journal of Environmental Chemical Engineering, 2015, 3(1): 488-498.

［81］Wang G Y, Zhang S R, Xu X X, et al. Efficiency of nanoscale zero-valent iron on the enhanced low molecular weight organic acid removal Pb from contaminated soil［J］. Chemosphere, 2014, 117: 617-624.

［82］Wu C C, Hus L C, Chiang P N, et al. Oxidative removal of arsenite by Fe（Ⅱ）- and polyoxometalate（POM）-amended zero-valent aluminum（ZVAl）under oxic conditions［J］. Water Research, 2013, 47(7): 2583-2591.

［83］Kumpiene J, Ore S, Renella G, et al. Assessment of zerovalent iron for stabilization of chromium, copper, and arsenic in soil［J］. Environmental Pollution, 2006, 144(1): 62-69.

［84］Chang Y Y, Lim J W, Yang J K. Removal of As(Ⅴ) and Cr(Ⅵ) in aqueous solution by sand media simultaneously coated with Fe and Mn oxides［J］. Journal of Industrial and Engineering Chemistry, 2012, 18(1): 188-192.

［85］Nguyen T C, Loganathan P, Nguyen T V, et al. Simultaneous adsorption of Cd, Cr, Cu, Pb, and Zn by an iron-coated Australian zeolite in batch and fixed-bed column studies［J］. Chemical Engineering Journal, 2015, 270: 393-404.

［86］Mu Y, Wu H, Ai Z H. Negative impact of oxygen molecular activation on Cr(Ⅵ) removal with core-shell Fe@Fe$_2$O$_3$ nanowires［J］. Journal of Hazardous Materials, 2015, 298: 1-10.

［87］Daus B, Wennrich R, Weiss H. Sorption materials for arsenic removal from water［J］. Water Research, 2004, 38(12): 2948-2954.

［88］Su C M, Puls R W, Krug T A, et al. Travel distance and transformation of injected emulsified zerovalent iron nanoparticles in the subsurface during two and half years［J］. Water Research, 2013, 47(12): 4095-4106.

［89］Trois C, Cibati A. South African sands as a low cost alternative solution for arsenic removal from industrial effluents in permeable reactive barriers: Column tests［J］. Chemical Engineering Journal, 2015, 259: 981-989.

［90］Bhowmick S, Chakraborty S, Mondal P, et al. Montmorillonite-supported nanoscale zero-valent iron for removal of arsenic from aqueous solution: Kinetics and mechanism［J］. Chemical Engineering Journal, 2014, 243: 14-23.

［91］Taleb K, Markovski J, Milosavljević M, et al. Efficient arsenic removal by cross-linked macroporous polymer impregnated with hydrous iron oxide: Material performance［J］. Chemical Engineering Journal, 2015, 279: 66-78.

［92］Fan Y, Liu H J, Zhang Y, et al. Adsorption of anionic MO or cationic MB from MO/MB mixture using polyacrylonitrile fiber hydrothermally treated with hyperbranched polyethylenimine［J］. Journal of Hazardous Materials, 2015, 283: 321-328.

［93］Lu Y T, Pu Y F, Wang J, et al. On structure and methylene blue degradation activity of an Aurivillius-type photocatalyst of $Bi_4V_2O_{11}$ nanoparticles[J]. Applied Surface Science, 2015, 347: 719-726.

［94］Rasalingam S, Peng R, Koodali R T. An insight into the adsorption and photocatalytic degradation of rhodamine B in periodic mesoporous materials[J]. Applied Catalysis B: Environmental, 2015, 174/175: 49-59.

［95］Rauf M A, Ashraf S S. Survey of recent trends in biochemically assisted degradation of dyes[J]. Chemical Engineering Journal, 2012, 209: 520-530.

［96］Smuleac V, Bachas L, Bhattacharyya D. Aqueous-phase synthesis of PAA in PVDF membrane pores for nanoparticle synthesis and dichlorobiphenyl degradation[J]. Journal of Membrane Science, 2010, 346(2): 310-317.

［97］Soon A N, Hameed B H. Degradation of Acid Blue 29 in visible light radiation using iron modified mesoporous silica as heterogeneous Photo-Fenton catalyst[J]. Applied Catalysis A: General, 2013, 450: 96-105.

［98］Liu S, Lim M, Amal R. TiO_2-coated natural zeolite: Rapid humic acid adsorption and effective photocatalytic regeneration[J]. Chemical Engineering Science, 2014, 105: 46-52.

［99］Gao Y W, Guo Y Z, Zhang H. Iron modified bentonite: Enhanced adsorption performance for organic pollutant and its regeneration by heterogeneous visible light photo-Fenton process at circumneutral pH[J]. Journal of Hazardous Materials, 2016, 302: 105-113.

［100］Xu H, Zhang Y J, Cheng Y, et al. Polyaniline/attapulgite-supported nanoscale zero-valent iron for the rival removal of azo dyes in aqueous solution [J]. Adsorption Science & Technology, 2019, 37 (3-4): 217-235.

［101］Zermane F, Bouras O, Baudu M, et al. Cooperative coadsorption of 4-nitrophenol and basic yellow 28 dye onto an iron organo-inorgano pillared montmorillonite clay[J]. Journal of Colloid and Interface Science, 2010, 350(1): 315-319.

［102］Wang J Q, Liu Y H, Chen M W, et al. Rapid degradation of azo dye by Fe-based metallic glass powder[J]. Advanced Functional Materials, 2012, 22(12): 2567-2570.

［103］Dariani R S, Esmaeili A, Mortezaali A, et al. Photocatalytic reaction and degradation of methylene blue on TiO_2 nano-sized particles[J]. Optik, 2016, 127(18): 7143-7154.

［104］Zhang C Q, Zhang H F, Lv M Q, et al. Decolorization of azo dye solution by Fe-Mo-Si-B amorphous alloy[J]. Journal of Non-Crystalline Solids, 2010, 356(33/34): 1703-1706.

［105］卢堂俊,李剑超,孙洪霞,等. 改性铁基材料的制备及对酸性黑 10B 脱色研究[J]. 水处理技术, 2010, 36(2): 52-56.

[106] Wang W, Cheng Y L, Kong T, et al. Iron nanoparticles decoration onto three-dimensional graphene for rapid and efficient degradation of azo dye[J]. Journal of Hazardous Materials, 2015, 299: 50-58.

[107] 陈冰, 王晨, 王西奎. 超声—零价铁协同降解废水中活性深蓝 M-2GE 的研究[J]. 环境工程学报, 2009, 3(9): 1589-1591.

[108] Teng W, Bai N, Liu Y, et al. Selective nitrate reduction to dinitrogen by electrocatalysis on nanoscale iron encapsulated in mesoporous carbon [J]. Environmental Science & Technology, 2018, 52(1): 230-236.

[109] Guo X J, Yang Z, Liu H, et al. Common oxidants activate the reactivity of zero-valent iron (ZVI) and hence remarkably enhance nitrate reduction from water [J]. Separation and Purification Technology, 2015, 146: 227-234.

[110] Cho D W, Song H, Schwartz F W, et al. The role of magnetite nanoparticles in the reduction of nitrate in groundwater by zero-valent iron[J]. Chemosphere, 2015, 125: 41-49.

[111] An Y, Dong Q, Zhang K Q. Bioinhibitory effect of hydrogenotrophic bacteria on nitrate reduction by nanoscale zero-valent iron[J]. Chemosphere, 2014, 103: 86-91.

[112] Jiang C H, Xu X P, Megharaj M, et al. Inhibition or promotion of biodegradation of nitrate by *Paracoccus* sp. in the presence of nanoscale zero-valent iron [J]. Science of the Total Environment, 2015, 530/531: 241-246.

[113] Liu H B, Chen T H, Chang D Y, et al. Nitrate reduction over nanoscale zero-valent iron prepared by hydrogen reduction of goethite[J]. Materials Chemistry and Physics, 2012, 133(1): 205-211.

[114] Choe S, Chang Y Y, Hwang K Y, et al. Kinetics of reductive denitrification by nanoscale zero-valent iron[J]. Chemosphere, 2000, 41(8): 1307-1311.

[115] 乔俊莲, 郑广宏, 闫丽, 等. 零价铁修复硝酸盐污染水体的研究进展[J]. 水处理技术, 2009, 35(6): 6-10.

[116] 范潇梦, 关小红, 马军. 零价铁还原水中硝酸盐的机理及影响因素[J]. 中国给水排水, 2008, 24(14): 5-9.

[117] Xiong Z, Zhao D Y, Pan G. Rapid and complete destruction of perchlorate in water and ion-exchange brine using stabilized zero-valent iron nanoparticles[J]. Water Research, 2007, 41(15): 3497-3505.

[118] Li X Q, Elliott D W, Zhang W X. Zero-valent iron nanoparticles for abatement of environmental pollutants: Materials and engineering aspects[J]. Critical Reviews in Solid State and Materials Sciences, 2006, 31(4): 111-122.

[119] Xing M, Wang J L. Nanoscaled zero valent iron/graphene composite as an efficient adsorbent for

Co(Ⅱ) removal from aqueous solution[J]. Journal of Colloid and Interface Science，2016，474：119-128.

[120] Nguyen T C, Loganathan P，Nguyen T V，et al. Simultaneous adsorption of Cd，Cr，Cu，Pb，and Zn by an iron-coated Australian zeolite in batch and fixed-bed column studies[J]. Chemical Engineering Journal，2015，270：393-404.

[121] 罗驹华，张少明. 高产率纳米铁粉的制备及表征[J]. 铸造技术，2007,28(3)：425-428.

[122] Sasaki T，Terauchi S，Koshizaki N，et al. The preparation of iron complex oxide nanoparticles by pulsed-laser ablation[J]. Applied Surface Science，1998(4)：398-402.

[123] Lee D W，Yu J H，Jang T S，et al. Nanocrystalline iron particles synthesized by chemical vapor condensation without chilling[J]. Materials Letters，2005，59(17)：2124-2127.

[124] Giasuddin A B M，Kanel S R，Choi H. Adsorption of humic acid onto nanoscale zerovalent iron and its effect on arsenic removal[J]. Environmental Science & Technology，2007，41(6)：2022-2027.

[125] He F，Zhao D Y. Preparation and characterization of a new class of starch-stabilized bimetallic nanoparticles for degradation of chlorinated hydrocarbons in water[J]. Environmental Science & Technology，2005，39(9)：3314-3320.

[126] 董婷婷，罗汉金，吴锦华. 纳米零价铁的制备及其去除水中对氯硝基苯的研究[J]. 环境工程学报，2010，4(6)：1257-1261.

[127] Phenrat T，Saleh N，Sirk K，et al. Stabilization of aqueous nanoscale zerovalent iron dispersions by anionic polyelectrolytes：Adsorbed anionic polyelectrolyte layer properties and their effect on aggregation and sedimentation[J]. Journal of Nanoparticle Research，2008，10(5)：795-814.

[128] 张智敏，王自为，张晔，等. 电化学沉积法制备纳米铁微粒及其性能的研究[J]. 山西大学学报（自然科学版），2003,26(3)：235-237.

[129] Malow T R，Koch C C. Grain growth in nanocrystalline iron prepared by mechanical attrition[J]. Acta Materialia，1997，45(5)：2177-2186.

[130] Nurmi J T，Tratnyek P G，Sarathy V，et al. Characterization and properties of metallic iron nanoparticles：Spectroscopy，electrochemistry，and kinetics[J]. Environmental Science & Technology，2005，39(5)：1221-1230.

[131] Parisi D R，Laborde M A. Modeling of counter current moving bed gas-solid reactor used in direct reduction of iron ore[J]. Chemical Engineering Journal，2004，104(1/2/3)：35-43.

[132] 李传维，司新国，鲁雄刚，等. 三氯化铁浸出-重铬酸钾滴定法测定钛精粉还原产物中的金属铁[J]. 冶金分析，2011，31(1)：40-44.

[133] 刘兰方，李志坚，徐娜，等. 三氯化铁溶解-重铬酸钾滴定法测定电熔镁铁砂中单质铁[J]. 耐火

材料，2014，48(5)：397-398.

[134] Tao J，Ling Z. Determination of metallic iron in direct reduced iron by potassium dichromate titration after decomposition of sample by ferric chloride[J]. Metallurgical Analysis，2009，29(6)：65-68.

[135] Man Y，Feng J X，Li F J，et al. Influence of temperature and time on reduction behavior in iron ore-coal composite pellets[J]. Powder Technology，2014，256：361-366.

[136] Li C，Sun H H，Bai J，et al. Innovative methodology for comprehensive utilization of iron ore tailings[J]. Journal of Hazardous Materials，2010，174(1/2/3)：71-77.

[137] Rashid R Z A，Salleh H M，Ani M H，et al. Reduction of low grade iron ore pellet using palm kernel shell[J]. Renewable Energy，2014，63：617-623.

[138] Kumar M，Nath S，Patel S K. Studies on the reduction-swelling behaviors of hematite iron ore pellets with noncoking coal[J]. Mineral Processing and Extractive Metallurgy Review，2010，31(4)：256-268.

[139] Mashhadi H A，Rastgoo A，Khaki J V. An investigation on the reduction of iron ore pellets in fixed bed of domestic non-coking coals[J]. International Journal of Iron and Steel Society of Iran，2008，5：8-14.

[140] Shi L N，Zhang X，Chen Z L. Removal of Chromium (Ⅵ) from wastewater using bentonite-supported nanoscale zero-valent iron[J]. Water Research，2011，45(2)：886-892.

[141] El-Hussiny N A，Shalabi M E H. A self-reduced intermediate product from iron and steel plants waste materials using a briquetting process[J]. Powder Technology，2011，205(1/2/3)：217-223.

[142] Luo S Y，Yi C J，Zhou Y M. Direct reduction of mixed biomass-Fe_2O_3 briquettes using biomass-generated syngas[J]. Renewable Energy，2011，36(12)：3332-3336.

[143] Guo D B，Zhu L D，Guo S，et al. Direct reduction of oxidized iron ore pellets using biomass syngas as the reducer[J]. Fuel Processing Technology，2016，148：276-281.

[144] Mohsenzadeh M S，Mazinani M. On the yield point phenomenon in low-carbon steels with ferrite-cementite microstructure[J]. Materials Science and Engineering：A，2016，673：193-203.

[145] El Hajjouji H，Ait Baddi G，Yaacoubi A，et al. Optimisation of biodegradation conditions for the treatment of olive mill wastewater[J]. Bioresource Technology，2008，99(13)：5505-5510.

[146] Frost R L，Xi Y F，He H P. Synthesis, characterization of palygorskite supported zero-valent iron and its application for methylene blue adsorption[J]. Journal of Colloid and Interface Science，2010，341(1)：153-161.

[147] Jia H Z，Wang C Y. Adsorption and dechlorination of 2,4-dichlorophenol (2,4-DCP) on a multi-

functional organo-smectite templated zero-valent iron composite [J]. Chemical Engineering Journal, 2012, 191: 202-209.

[148] Yuan P, Liu D, Fan M D, et al. Removal of hexavalent chromium [Cr(Ⅵ)] from aqueous solutions by the diatomite - supported/unsupported magnetite nanoparticles [J]. Journal of Hazardous Materials, 2010, 173(1/2/3): 614-621.

[149] Wang Y M, Tian W J, Wu C L, et al. Synthesis of coal cinder balls and its application for COD_{Cr} and ammonia nitrogen removal from aqueous solution [J]. Desalination and Water Treatment, 2016, 57(46): 21781-21793.

[150] Xing M, Xu L J, Wang J L. Mechanism of Co(Ⅱ) adsorption by zero valent iron/graphene nanocomposite [J]. Journal of Hazardous Materials, 2016, 301: 286-296.

[151] Li L L, Liu F, Duan H M, et al. The preparation of novel adsorbent materials with efficient adsorption performance for both chromium and methylene blue [J]. Colloids and Surfaces B: Biointerfaces, 2016, 141: 253-259.

[152] Lin S, Song Z L, Che G B, et al. Adsorption behavior of metal-organic frameworks for methylene blue from aqueous solution [J]. Microporous and Mesoporous Materials, 2014, 193: 27-34.

[153] Liu X Q, Li Y, Wang C, et al. Comparison study on Cr(Ⅵ) removal by anion exchange resins of Amberlite IRA96, D301R, and DEX-Cr: Isotherm, kinetics, thermodynamics, and regeneration studies [J]. Desalination and Water Treatment, 2015, 55(7): 1840-1850.

[154] Bhatti H N, Nausheen S. Equilibrium and kinetic modeling for the removal of Turquoise Blue PG dye from aqueous solution by a low-cost agro waste [J]. Desalination and Water Treatment, 2015, 55(7): 1934-1944.

[155] Lonappan L, Rouissi T, Das R K, et al. Adsorption of methylene blue on biochar microparticles derived from different waste materials [J]. Waste Management, 2016, 49: 537-544.

[156] Wang W, Cheng Y L, Kong T, et al. Iron nanoparticles decoration onto three-dimensional graphene for rapid and efficient degradation of azo dye [J]. Journal of Hazardous Materials, 2015, 299: 50-58.

[157] Chen Z X, Jin X Y, Chen Z L, et al. Removal of methyl orange from aqueous solution using bentonite-supported nanoscale zero-valent iron [J]. Journal of Colloid and Interface Science, 2011, 363(2): 601-607.

[158] Rai P, Gautam R K, Banerjee S, et al. Synthesis and characterization of a novel $SnFe_2O_4$ @ activated carbon magnetic nanocomposite and its effectiveness in the removal of crystal violet from aqueous solution [J]. Journal of Environmental Chemical Engineering, 2015, 3(4): 2281-2291.

[159] Bagheri A R, Ghaedi M, Asfaram A, et al. Design and construction of nanoscale material for

ultrasonic assisted adsorption of dyes: Application of derivative spectrophotometry and experimental design methodology [J]. Ultrasonics Sonochemistry, 2017, 35: 112-123.

[160] Guz L, Curutchet G, Torres Sánchez R M, et al. Adsorption of crystal violet on montmorillonite (or iron modified montmorillonite) followed by degradation through Fenton or photo-Fenton type reactions[J]. Journal of Environmental Chemical Engineering, 2014, 2(4): 2344-2351.

[161] Ahmad R. Studies on adsorption of crystal violet dye from aqueous solution onto coniferous pinus bark powder (CPBP)[J]. Journal of Hazardous Materials, 2009, 171(1/2/3): 767-773.

[162] El-Sayed G O. Removal of methylene blue and crystal violet from aqueous solutions by palm kernel fiber[J]. Desalination, 2011, 272(1/2/3): 225-232.

[163] Mbacké M K, Kane C, Diallo N O, et al. Electrocoagulation process applied on pollutants treatment- experimental optimization and fundamental investigation of the crystal violet dye removal[J]. Journal of Environmental Chemical Engineering, 2016, 4(4): 4001-4011.

[164] Pei Y Y, Wang M, Tian D, et al. Synthesis of core-shell SiO_2@MgO with flower like morphology for removal of crystal violet in water[J]. Journal of Colloid and Interface Science, 2015, 453: 194-201.

[165] Sabna V, Thampi S G, Chandrakaran S. Adsorption of crystal violet onto functionalised multi-walled carbon nanotubes: Equilibrium and kinetic studies[J]. Ecotoxicology and Environmental Safety, 2016, 134: 390-397.

[166] Cottet L, Almeida C A P, Naidek N, et al. Adsorption characteristics of montmorillonite clay modified with iron oxide with respect to methylene blue in aqueous media[J]. Applied Clay Science, 2014, 95: 25-31.

[167] Mahdavian A R, Mirrahimi M A S. Efficient separation of heavy metal cations by anchoring polyacrylic acid on superparamagnetic magnetite nanoparticles through surface modification[J]. Chemical Engineering Journal, 2010, 159(1/2/3): 264-271.

[168] Kumar K V, Ramamurthi V, Sivanesan S. Modeling the mechanism involved during the sorption of methylene blue onto fly ash[J]. Journal of Colloid and Interface Science, 2005, 284(1): 14-21.

[169] Gürses A, Karaca S, Doğar Ç, et al. Determination of adsorptive properties of clay/water system: Methylene blue sorption[J]. Journal of Colloid and Interface Science, 2004, 269(2): 310-314.

[170] Jamal R, Zhang L, Wang M C, et al. Synthesis of poly(3,4-propylenedioxythiophene)/MnO_2 composites and their applications in the adsorptive removal of methylene blue[J]. Progress in Natural Science: Materials International, 2016, 26(1): 32-40.

[171] Chang J L, Ma J C, Ma Q L, et al. Adsorption of methylene blue onto Fe_3O_4/activated montmorillonite nanocomposite[J]. Applied Clay Science, 2016, 119: 132-140.

［172］Chen Z X, Wang T, Jin X Y, et al. Multifunctional kaolinite-supported nanoscale zero-valent iron used for the adsorption and degradation of crystal violet in aqueous solution[J]. Journal of Colloid and Interface Science, 2013, 398: 59-66.

［173］Ovchinnikov O V, Evtukhova A V, Kondratenko T S, et al. Manifestation of intermolecular interactions in FTIR spectra of methylene blue molecules[J]. Vibrational Spectroscopy, 2016, 86: 181-189.

［174］Yang J B, Yu M Q, Chen W T. Adsorption of hexavalent chromium from aqueous solution by activated carbon prepared from Longan seed: Kinetics, equilibrium and thermodynamics[J]. Journal of Industrial and Engineering Chemistry, 2015, 21: 414-422.

［175］Park D, Lim S R, Yun Y S, et al. Reliable evidences that the removal mechanism of hexavalent chromium by natural biomaterials is adsorption-coupled reduction[J]. Chemosphere, 2007, 70 (2): 298-305.

［176］Papaevangelou V A, Gikas G D, Tsihrintzis V A. Chromium removal from wastewater using HSF and VF pilot-scale constructed wetlands: Overall performance, and fate and distribution of this element within the wetland environment[J]. Chemosphere, 2017, 168: 716-730.

［177］Fu F L, Ma J, Xie L P, et al. Chromium removal using resin supported nanoscale zero-valent iron [J]. Journal of Environmental Management, 2013, 128: 822-827.

［178］Park S J, Jang Y S. Pore structure and surface properties of chemically modified activated carbons for adsorption mechanism and rate of Cr(Ⅵ)[J]. Journal of Colloid and Interface Science, 2002, 249(2): 458-463.

［179］Phetphaisit C W, Yuanyang S, Chaiyasith W C. Polyacrylamido-2-methyl-1-propane sulfonic acid-grafted-natural rubber as bio-adsorbent for heavy metal removal from aqueous standard solution and industrial wastewater[J]. Journal of Hazardous Materials, 2016, 301: 163-171.

［180］Li L L, Liu F, Duan H M, et al. The preparation of novel adsorbent materials with efficient adsorption performance for both chromium and methylene blue[J]. Colloids and Surfaces B: Biointerfaces, 2016, 141: 253-259.

［181］Ocampo-Perez R, Leyva-Ramos R, Alonso-Davila P, et al. Modeling adsorption rate of pyridine onto granular activated carbon[J]. Chemical Engineering Journal, 2010, 165(1): 133-141.

［182］Yang G C C, Lee H L. Chemical reduction of nitrate by nanosized iron: Kinetics and pathways [J]. Water Research, 2005, 39(5): 884-894.

［183］Li D D, Li J Q, Gu Q B, et al. Co-influence of the pore size of adsorbents and the structure of adsorbates on adsorption of dyes[J]. Desalination and Water Treatment, 2016, 57(31): 14686-14695.

［184］Huang L H, Zhou S J, Jin F, et al. Characterization and mechanism analysis of activated carbon fiber felt-stabilized nanoscale zero-valent iron for the removal of Cr(VI) from aqueous solution[J]. Colloids and Surfaces A: Physicochemical and Engineering Aspects, 2014, 447: 59-66.

[185] Zhang Y, Jiao Z, Hu Y Y, et al. Removal of tetracycline and oxytetracycline from water by magnetic Fe_3O_4 @ graphene[J]. Environmental Science and Pollution Research, 2017, 24(3): 2987-2995.

[186] Pal U, Sandoval A, Madrid S I U, et al. Mixed titanium, silicon, and aluminum oxide nanostructures as novel adsorbent for removal of rhodamine 6G and methylene blue as cationic dyes from aqueous solution[J]. Chemosphere, 2016, 163: 142-152.